孙郡锴 /编著

不是世界太**喧嚣**

是你的内心太**吵闹**

中国华侨出版社

图书在版编目（CIP）数据

不是世界太喧嚣，是你的内心太吵闹 / 孙郡锴编著．—北京：中国华侨出版社，2015.9
ISBN 978-7-5113-5584-3

Ⅰ．①不… Ⅱ．①孙… Ⅲ．①人生哲学－通俗读物 Ⅳ．①B821-49

中国版本图书馆CIP数据核字（2015）第168774号

● 不是世界太喧嚣，是你的内心太吵闹

编　　著／孙郡锴
责任编辑／文　筝
封面设计／天之赋工作室
经　　销／新华书店
开　　本／710毫米×1000毫米　1/16　印张16　字数190千字
印　　刷／北京一鑫印务有限责任公司
版　　次／2015年9月第1版　2019年8月第2次印刷
书　　号／ISBN 978-7-5113-5584-3
定　　价／32.80元

中国华侨出版社　北京朝阳区静安里26号通成达大厦3层　邮编100028
法律顾问：陈鹰律师事务所
编辑部：（010）64443056　　64443979
发行部：（010）64443051　　传真：64439708
网　　址：www.oveaschin.com
e-mail：oveaschin@sina.com

## 前言
PREFACE

世界那么大，大得超出了我们的预见范围，使我们难以掌控。于是，我们迷失了、恐惧了，迷失在现在，惊惧于未来。我们的内心开始变得躁动不安，从此失去了昔日的宁静。于是在纠结中百转千回，人生便有了"四苦"。

一苦，苦于看不透，看不透人与人之间的纷争，看不透红尘之中的喧嚣与宁静；

二苦，苦于舍不得，舍不得曾经的拥有、过去的精彩，舍不得得意之时的虚荣与掌声，舍不得一抹流沙之间滑落；

三苦，苦于输不起，输不起一时之成败，输不起一段情感之失，输不起人生之中的每一次博弈；

四苦，苦于放不下，放不下日渐远离的人与事，放不下早已尘封的是与非，放不下痛了又痛的回忆。

如果内心如此吵闹，人生又怎会幸福？为何不能活得随意一些？人活得太刻意，就容易失意，希望的太多，就容易失望，反是淡泊一点，淡看是与非，淡看名与利，淡看爱与恨，淡看情与仇，我们就很容易剔除人生中的四苦，回归内心的宁静。

其实静心想想，我们的烦恼不过如此。

你生气，是因为你心胸狭隘；你郁闷，是因为你内心阴霾；你焦虑，是因为你心灵浮躁；你悲伤，是因为你不够坚强；你哀怨，是因为你不够阳光；你忌妒，是因为你不够优秀……

本书是我们送给您心灵净化的叮咛，它将帮助你告诉无序，远离烦乱，剪断浮躁的纠缠，重拾积极的人生，找回迷失的自己。让你静下心来，平平安安做事，平平淡淡做人，不慕流光溢彩，也不奢望妖冶夺人，给生活一丝坦然，给生命一份真实，给自己一份感激，给他人一份宽容，拿起该拿起的，放下该放下的。让生活归于简单，让快乐归于宁静，让幸福归于平淡，让人生归于本真，让心灵归于纯净。

# 目录 CONTENTS

## 第一辑　真趣淡然居物外

> 无为而无不为。姜子牙无钩之钓，诸葛亮躬耕南阳，无非一种淡然。百年人生，最高境界就是历经风雨无数，仍有一颗不染尘埃的心。人，需要在平淡中沉淀，在平淡中明志，在平淡中澄净。拿起该拿起的，放下该放下的。让生活归于简单，让心境归于宁静，让幸福归于平淡，让人生归于本真，让一切返璞归真。在平淡中有所体会，在淡泊中有所追求。

**1　世事消销，不复明了，莫如清风一笑 / 003**

　　凡墙都是门，总会有出路 / 004
　　我心不惊不怖，自然自在安详 / 006
　　人生清欢是看淡 / 008
　　画一扇窗，送给自己 / 010
　　换个角度看人生 / 012
　　别被这个世界干扰，也别去干扰这个世界 / 015
　　阅尽千帆，等闲沧桑 / 018

## 2 缱绻人生，遗憾是份不错的答卷 / 021

月圆是画，月缺是美 / 022
人不可太尽，事不可太尽 / 024
风光无限的背后 / 026
接受自己的不足，才算接受了自我 / 029
情不能完美，但真的很美 / 031
好花要看半开时 / 034
有了错过，才会有新的遇见 / 036

## 3 寂寞，让我们聆听自己的心声 / 039

静见真如性 / 040
因为不能忘我，所以有所困惑 / 043
只有寂寞与孤独会一直陪着你 / 045
煎熬为你画上圆满的句号 / 048
向往天空的，都是寂寞的 / 050
寒梅独自开，自有暗香来 / 052
宁受一时之寂寞，毋取万古之凄凉 / 054

## 4 人生至境乃不争，无欲自然心似水 / 057

即便不与人争，也会有属于你的世界 / 058
你只是输给了自己的不妥协 / 060
富贵浮华眼前过，何必执着，何必不舍 / 062
财富亦会带来烦恼 / 065

若可清贫自乐，不作浊富多忧 / 067
托钵僧之心始可贵 / 069
以无所谓的态度，过随心所欲的生活 / 072

## 5　沏一壶茶，闲敲棋子看落花 / 075

人心得静，清若碧潭净如泉 / 076
非淡泊无以清心寡欲，非奢华无以花天酒地 / 077
君子之心淡如水，不为物慌，不热不凉 / 079
淡泊并非一无所有 / 081
有些烦恼是我们凭空虚构的 / 084
学学动物过生活，大睡一场又如何 / 087
不在意红尘纷扰，便可得一世之清欢 / 089
茶味生活，苦中自有一缕芬芳 / 091
此身常放在闲处 / 094

# 第二辑　一舍一得人生事

所谓舍得，舍即是得，舍在得中，得在舍中。一个人，若思想通透了，行事就会通达，内心就会通泰，有欲而不执着于欲，有求而不拘泥于求，取其所必需，取其所当有，取其所该有，而舍其不能有，舍其不当有，舍其不必有。自然活得洒脱，活得自在。活得平和的人，心底踏实安详，云过天更蓝，船行水更幽。

1 **百年人生，不过是一舍一得的重复** / 099

　　超越外物，就是超越自我 / 100
　　不可取，不愿舍，于人最折磨 / 102
　　得失难两全，取舍在三思 / 105
　　除非你不想"得"，否则就别怕"失" / 107
　　失去了，就放手 / 110
　　看破浮生过半，半之受用无边 / 112

2 **不求而得的，往往求而不得** / 115

　　人人愿得不愿舍，岂知不舍更不得 / 116
　　调整角度，就会幸福 / 119
　　学会放弃，才能得到 / 121
　　人生不是比赛，尽力就好 / 123
　　潇洒来去，苦乐皆成人生美味 / 125

3 **痛苦不是拥有的太少，而是想要的太多** / 127

　　哀莫大于求而不得、舍而不能 / 128
　　攥在自己手里的，才是实实在在的幸福 / 129
　　事情是这样，就不会是别的样子 / 132
　　人生容量有限，装不下那么多奢华 / 134

布衣茶饭，也可乐终身 / 136
达士知处阴敛翼，而巉岩亦是坦途 / 138

## 4 当眼泪流下来，才知道，分开也是另一种明白 / 141

教会你舞步的人，未必能陪你走到散场 / 142
自作多情是在乞求施舍 / 144
放不开的手才最残忍 / 146
在回忆里继续梦幻，不如转身走进天堂 / 149
当爱耽于妄想 / 152
不知道什么是忧伤，就不会真正感激幸福 / 155
对不爱自己的人，最需要的是理解、放弃和祝福 / 157

## 5 他选择他的命运，你选择你自己的 / 161

把生命交给自己，把价值带给世界 / 162
你也有自己的乐土 / 165
幸福如人饮水，冷暖自知 / 168
谁是最高仲裁者 / 171
画出自己的人生色彩 / 173
不要刻意乞求他人的认可 / 175
与其讨好别人，不如取悦自己 / 177
兰生幽谷，不为莫服而不芳 / 179

## 第三辑　悟已往之不谏，知来者之可追

> 有些话，适合烂在心里；有些痛苦，适合无声无息地忘记。在意的越多，失去的就越多。人生难免会有缺憾和不如意，结果已然，耿耿于怀只能徒增烦恼。有些人，注定会成为故人；有些事，注定会成为故事。错过的，就让它过去吧，不必惋惜，不必留恋，或许它是美好的，但未必是最适合你的。你忘记一个错误的开始，就可能得到一个正确的结束；忘记曾经盲目的选择，就可以争取一个清醒的拥有；忘记自己承载不动的东西，对自己就是一种最简单的解脱。

### 1　努力记住伤痕，就只能在伤痕中生活 / 183

人之所以有烦恼，就是因为记性好 / 184

悲欢离合是红尘，坎坎坷坷是人生 / 185

别在伤痕里执迷不悟 / 189

与其内疚于心，不如尽力补救 / 191

你可以孤单，但不许孤独 / 193

每一刹那都是新生 / 196

## 2 倒掉昨日那杯茶，生活才能洋溢出新茶香 / 199

天生的缺陷，不是堕落的借口 / 200
忘记糟糕的自己，得到一个新的开始 / 203
自怜居士病绵绵 / 205
你可以创造全新的自己 / 208
别自卑，也别自负 / 210

## 3 有一种健忘是高贵的，就是不记旧恶 / 213

宽恕别人，也是宽恕自己 / 214
人有恩于我不可忘，而有怨于我则不可不忘 / 216
人生不仅要能承受，也要会释怀 / 218
宽容如水让世界变得纯净 / 221
一个伟大的人有两颗心：一颗流血，一颗宽容 / 224

## 4 不悲过去，不慕将来 / 227

在浮华中挣扎，搁浅了身边的美 / 228
让心在繁华过尽依然温润如初 / 230
不羡慕繁华，不刻意雕琢 / 233
回不到从前，便活在当下 / 235
现在是你的，难道这还不够吗 / 237
心系当下，由此安详 / 241

# 第一辑
# 真趣淡然居物外

　　无为而无不为。姜子牙无钩之钓，诸葛亮躬耕南阳，无非一种淡然。百年人生，最高境界就是历经风雨无数，仍有一颗不染尘埃的心。人，需要在平淡中沉淀，在平淡中明志，在平淡中澄净。拿起该拿起的，放下该放下的。让生活归于简单，让心境归于宁静，让幸福归于平淡，让人生归于本真，让一切返璞归真。在平淡中有所体会，在淡泊中有所追求。

# 1

# 世事消销，不复明了，莫如清风一笑

兔走鸟飞，荡起岁月的波澜，忆往昔繁华萧瑟岁月，心中是否笑着？静坐窗前，观花落花开，看风云变迁，经世事沧桑，心是否依然平静？跋涉人生旅途，饱尝人情，历经是非成败，是否还能笑看人生？

# 凡墙都是门,总会有出路

很多时候,我们总是抱怨生活错待了自己,所以对生活怀有很大的怨气。这些怨气发泄出来的时候,又会牵连到我们身边的人,于是很多无缘无故的争吵破坏了我们生活的和谐。

身边有这样一件事。

有两个一起长大的孩子因为特殊原因失去了父母,后来都被来自欧洲的外交官家庭所收养。两个人都上过名校。但他们两个人之间却存在着不小的差别:其中一个 30 多岁就成了成功商人;而另一个在国内某所学校任教,待遇不错,但他一直觉得自己很失败。

2010 年,那位在欧洲经商的商人回国了,邀请亲友邻居一起吃饭,也包括在国内任教的那个人。他们一起去吃晚饭。晚餐在寒暄中开场了,大家谈论着这些年各自的发展变化以及所经历的趣闻逸事。随着话题的一步步展开,那位教师开始越来越多地讲述自己的不幸:他是一个如何可怜的孤儿,又如何被欧洲来的父母领养到遥远的地方,他觉得自己是如何的孤独。他怀着一腔报国的热忱回国,又是如何不受重视,等等。

开始的时候,大家都表现出了同情。随着他的怨气越来越重,那位商人变得越来越不耐烦,终于忍不住制止了他的叙述:"够了!你一直在讲自己有多么不幸。你有没有想过,如果你的养父母当初在成百上千个孤儿中挑了别人你又会怎样？"教师直视着他的发小、那个经商的孩子说："你不知道，我不开心的根源在于……"然后接着描述他所遭遇的不公正待遇。

最终，商人说："我不敢相信你还在这么想！我记得自己 25 岁的时候无法忍受周围的世界，我恨周围的每一件事，我恨周围的每一个人，好像所有的人都在和我作对似的。我很伤心无奈，也很沮丧。我那时的想法和你现在的想法一样，我们都有足够的理由抱怨。"他越说越激动，"我劝你不要再这样对待自己了！想一想你有多幸运，你不必像真正的孤儿那样度过悲惨的一生，实际上你接受了非常好的教育。你负有帮助别人脱离贫困旋涡的责任，而不是找一堆自怨自艾的借口把自己围起来。在我摆脱了顾影自怜，同时意识到自己究竟有多幸运之后，我才获得了现在的成功！"

那位教师深受震动。这是第一次有人否定他的想法，打断了他的凄苦回忆，而这一切回忆曾是多么容易引起他人的同情。

商人很清楚地说明，他们二人都曾在同样的环境下历经挣扎，而不同的是，他通过清醒的自我选择，让自己看到了有利的方面，而不是不利的阴影。

有句话说得好，"凡墙都是门"，即使你面前的墙将你封堵得密不透风，你也依然可以把它视作你的一条出路。琐碎的日常生活中，每天都会有很多事情发生，如果你一直沉溺在已经发生的事情中，不停地抱怨，不断地指责，总觉得别人都比你过得好，总觉得生活错待了自己。这样下去，你的心境就会越来越沮丧。一直只懂得抱怨的人，注定会活在迷离混沌的状态中，看不见头顶一片明朗的天空。

其实，快乐与不快乐完全取决于我们对于生活和人生的态度。有一则小幽默说，同样一个甜甜圈，在有些人眼中，会觉得可口，所以感觉很开心；而在另外一些人眼中，因为它中间缺了一个洞，

就会觉得遗憾而变得不开心。所以，快乐与不快乐完全是由我们自己决定的，而真正的快乐是从心底流出的。

## 我心不惊不怖，自然自在安详

生命中，来来去去的，你能留下多少？在意得太多，容易疲惫；期盼得太多，容易失望，强求来的，永远不会真正属于我们。可是我们就是看不开、放不下、想不通，所以我们不快乐，我们总是在自己为难自己。

其实，该走的，你挽留不了；会忘的，你也铭记不住；不懂你的，你强求不来；属于你的，谁也带不走。所以说，该走就走，该留就留，学会选择，学会放弃，学会珍惜，学会遗忘。

别奢望人人都尊重你，别想着人人都懂你。在不爱你的人眼里，你苦苦地挽留只会被视作无聊的纠缠；在不懂你的人眼里，你的一举一动都是那样的荒唐和滑稽；在不欣赏你的人眼里，你的接近只能换来他的敌意。你应该珍惜的，是对自己不离不弃的人；必须遗忘的，是轻贱我们真心的人；需要感恩的，是帮助提携我们的人。我们是要做个好人，但不要做对谁都无原则示好的人。

是非成败转头空，人生所有的得意与失意，所有的喝彩与倒彩，到头来终究是过眼云烟，浮华如斯，心却要尘埃落定，能看得开就是智慧，看不开的就要受罪。

对事也别奢求样样如意，这个决定权不完全在你。不管成、败、荣、辱，曾经就是曾经，回忆就是回忆，偶尔怀念可以，但别沉溺在以往的故事和世故里，独自萎靡。

如果太累了，就安慰安慰自己；没人心疼你，你更要好好爱自己。烦了，就找点乐子去，别丢了心态；太忙，就忙里偷偷闲，别丢了健康。永远不要为失去的和得不到的感到遗憾，永远不要为生命中的残缺而啜泣，你没有摘到的，只是春天的一朵花，整个春天还是你的。

有一个小女孩，她总是守候在窗子边，她喜欢看世界，却很少出来接触世界。她从小得了小儿麻痹，被父母抛弃，是一个好心的婆婆将她收养，带她住在这里。

一个周末，有个小男孩在屋外的草地上踢皮球，皮球滚着滚着就不见了。男孩四下寻找，却一无所获，正当他气急败坏地准备离开时，听见一个甜甜而又腼腆的声音说道："皮球就在你后面的那个洞里。"小男孩抬头看去，看到一个长相秀丽的女孩将头探出窗外，扑闪着一双长睫毛的大眼睛给他指着皮球。

男孩找到皮球，心里非常感激，便邀请女孩下来一起玩。女孩摇了摇头，躲回了屋子里。男孩又玩了好一阵子，再抬起头来，却看见那个女孩正入神地看着自己玩耍，但是，她的眼里分明有泪花。好奇心让男孩捡起皮球，来到了小女孩的窗前。

男孩再次邀请女孩一起玩，女孩早已擦干了眼泪，冲男孩露出了表示感谢的微笑，指了指自己的腿，摆了摆手。男孩的心立刻难过起来，问她："心里不好过是吗？"女孩摇摇头，随即又点点头，说："偶尔会难过，但就一会儿。"女孩对男孩说，"虽然我大多时候都只能在屋子里，很渴望多见见阳光，但我知道太阳每天都会升起，它每天都绕着我的屋子整整转上一圈，我能感觉到它的温暖。"

　　有时候，快乐很简单，仅仅看上一眼太阳就会让人觉得生活给予了我们很多，生命是那么充实。

　　如果你感觉自己活得很苦、很累，不妨想想这个小姑娘。其实，你生活的悲痛并非来自生活的刻薄，而是你太容易被外界的氛围所感染，被他人的情绪或言语所左右。你疲惫地走着，又总是在意路边荆棘，担心山雨欲来，总是担心别人不懂你，前路无知己……天气的变化，人情的冷暖，不同的风景都会影响你的心情。而现实是，这些都是你无法左右的。所以，看淡一些。看淡了，天无非阴晴，人不过聚散，何须刻意逢迎？亦不必拒人千里，自然而然便是自在。就算还有许多的风沙，也记得笑看悲辛，抒怀辽阔，做自己该做的事，享自己该享的福。我心不惊不怖，自然自在安详。

## 人生清欢是看淡

　　聪明人，三分流水二分尘，不会把所有的事探究个一清二楚。水至清则无鱼，人至察则无徒。跟家人计较，你赢了，亲情却没了；跟爱人计较，你赢了，感情也淡了；跟朋友计较，你赢了，情义却丢了。你觉得争出了道理，却输掉了感情，伤的又是自己。

　　有这样一对朋友，丈夫是一个不大不小的公务员，妻子是一家国有工厂的工人。丈夫业余时间喜欢动动笔杆子写点东西，或捧着一本书读得津津有味；妻子漂亮热情，业余时间喜欢去舞厅跳跳舞。

起初，丈夫硬着头皮陪妻子去舞厅，但那种灯红酒绿的生活令他眩晕。他怀着厌烦的情绪劝导妻子不要再去那种地方，妻子却反驳道："如果我不让你看书，不让你写作，你愿意吗？"

丈夫哑口无言。妻子带着胜利的微笑轻松地哼着小曲走了，房间里只留下妻子身上那种醉人的香水味道。丈夫愣愣地坐在沙发上，一支接一支地吸着香烟。他觉得妻子的理由是靠不住的，读书写字，乃文人雅趣，格调高雅，陶冶人的情操；幽暗嘈杂的舞厅，三教九流的闲人，在那里一起疯狂地摇摆，哪能与读书吟诗的雅事相提并论。

以前，家里的"财政大权"无须商量，自然牢牢地掌握在妻子手中。丈夫在劝妻子戒舞失败后，决心"冻结"妻子的经济来源。起初，他不再将自己的工资交给妻子，认为妻子微薄的工资一定供不起她每日去舞厅，经常换舞鞋以及购买高档化妆品，结果他发现妻子几乎把自己的工资全部花在了跳舞上。妻子每天玩得高高兴兴，回到家中嘴里还哼着轻快的舞曲。于是，他只好另想办法。

他首先从妻子的屋中搬了出来，每日和妻子"横眉冷对"，接着，又将一切家务一分为二，列出清单放到妻子的床头。饭自然由妻子来做，衣自然由妻子来洗，孩子自然由妻子来照顾，哪怕妻子由于工作忙而没时间洗碗，他也绝不动一指头。因为那是"合约"上写明的，各司其职，绝不互相干涉。帮忙，岂不也是"干涉"的一种？至于经济上，他不但自己的钱分文不交妻子，甚至到妻子的单位，利用他的"领导"身份，将妻子的工资事先领走。妻子找他理论，他却振振有词："以前家中财政大权由你掌握，我说过什么吗？现在由我来管，有什么不可以？"妻子竟也无言以对。

于是，妻子也采取"冷战"政策，丈夫的衣服不洗，丈夫的饭不给做，丈夫的东西全被扔到"丈夫的房间"里，孩子每人带一天，谁也不肯让步。总之，整个家似乎被分成了互不相容的两部分。

最后,妻子干脆辞掉了厂里的工作,自己去租了一组柜台卖服装。由于她眼光敏锐,有胆有识,竟然干得有声有色,不久便自己开了一家时装店,办起了公司,财源滚滚而来,远非她昔日那点工资可比。"家"的名存实亡,在她的心中留下了很浓的阴影,她决定提出离婚。丈夫起初不同意,并以孩子可怜为由,试图留住妻子,但妻子去意已决,不可动摇。

"我们现在这样生活与离了婚有什么两样?不同吃,不同住,互不干涉'内政'、'外交',我们跟两个没有任何关系的人有什么区别?缺的只是那一纸离婚证书。"丈夫冷静地想了又想,觉得妻子说的确实有道理,便同意离婚,一个原本很温馨、很美满的小家庭就这样解散了。

人生的路,总有几道弯,几道沟,几道坎儿;生活的味,总有几分苦,几分辣,几分酸。有些人,看不透就睁只眼闭只眼;有些事,看不惯就索性独善其身;有些理,想不通就顺其自然。过日子,最舒适的还是清淡滋味,读懂了岁月,品透了是非,你会发现,人生清欢是看淡。

## 画一扇窗,送给自己

凡事可以变好,凡事也可以变坏。悲观的人永远都是想到自己只剩下百万元而担忧,乐观的人却永远为自己还剩下一万元而庆幸。

面对金色的晚霞映红半边天的情景，有人叹息："夕阳无限好，只是近黄昏。"也有人想到的却是："莫道桑榆晚，晚霞尚满天。"面对半杯饮料，有人遗憾地说："可惜只有半杯了。"有人庆幸地说："尚好，还有半杯可饮。"不同的人对同一件事有不同的心情，不同的心情必然有不同的结果。

黄永玉是我国著名的书画艺术家，他自幼喜爱绘画，少年时期便因木刻作品蜚声画坛，有"中国三神童之一"的美誉。但也许你想不到，这样一位绘画大师，同时也是一位"心境"大师。

那一年，黄永玉带着他那颗饱经沧桑的心来到了北京，就住在今天被他命名为"芥末"的故居中。这是一所四壁只有墙的老房子，除了一个极为狭窄的门外，整幢房子连一扇窗也没有。倘若关了门，房间里就会如同半夜一样黑得伸手不见五指。然而出人意料的是，黄永玉并没有嫌弃这个令人憋闷的家，反而开口大笑起来。只见他一边笑，一边拿出一张白纸贴在墙上，然后开始在白纸上画画。不一会儿，纸上便出现了一扇极为逼真的窗户，与真的窗户几乎毫无两样。顿时，整个房间明亮起来，就像屋外的阳光一下子都涌进了这间小屋一样。在场的所有人都被震住了，然后便纷纷鼓掌叫起"好"来。

人们之所以会连连叫"好"，除了惊叹黄永玉大师出神入化、摄人心魄的画技外，恐怕更多的是被他这种"画一扇窗给自己"的豁达超然的人生态度所折服吧。

角度不同，对问题的看法各有所异，有人积极，有人消极。消极思维者只看坏的一面，对事物总能找到消极的解释，最终他们也将得到消极的结果。而积极思维者却更愿意从好的方面考虑问题，并通过自己的努力，得到一个积极的结果。

其实，事物的本身并不影响人，人们是受到对事物看法的影

响！其实，不管遭遇何种打击、困境，只要心中有接纳阳光的窗户，我们便能透过现实的黑暗，看到窗外那片明亮的风景。

所以，无论是成是败，都要明白：人生需要一个好的心态。人生的进退、生活的好坏，有时就取决于心态。努力是一种结局，放弃也是一种结局。只是不同的心境，有着不同的结果。学会生活，需要一个好的心态，走好人生，需要一个好的心境，心态有时就决定着生活的苦与甜、成与败。

# 换个角度看人生

世上没有任何事情是值得痛苦的，你可以让自己的一生在痛苦中度过，然而无论你多么痛苦，甚至痛不欲生，你也无法改变现实。

痛苦是一种过度忧愁和伤感的情绪体验。所有人都会有痛苦的时刻，但如果是毫无原因的痛苦，或是虽有原因但不能自控、重复出现，就属于心理疾病的范畴了。这时如果还不及时调整，一味地痛苦下去，就会出问题——你随时可能崩溃掉。

当下，痛苦俨然已经成为一种社会通病，几乎每个人都在叫嚷着"我好痛苦！"但大家想明白没有：令人感到痛苦的是什么？痛苦又能给人带来什么？毫无疑问，痛苦这种情绪消极而无益，既然是在为毫无积极效果的行为浪费自己宝贵的时光，那么我们就必须做出改变。不过，我们要改变的不是诱发痛苦的问题，因为痛苦不是问题本身带来的，我们需要改变的是对于问题的看法，这会引导我们走向解脱。

有一位朋友，刚刚升职一个多月，办公室的椅子还没坐热，就因为工作失误被裁了下来。雪上加霜的是，与他相恋五年的女友在这时也背叛了他，跟着别人走了。事业、爱情的双失意令他痛不欲生，万念俱灰的他爬上了以前和女友经常散步的山。

一切都是那么熟悉，又是那么陌生。曾经的山盟海誓依稀还在耳边，只是风景依旧，物是人非。他站在半山腰的一个悬崖边，往事如潮水般涌上心头。"活着还有什么意思呢？"他想，"不如就这样跳下去，反倒一了百了。"

他还想看看曾经看过的斜阳和远处即将靠岸的船只，可是抬眼看去，除了冰冷的峭壁，就是阴森的峡谷，往日一切美好的景色全然不见。忽然间又是狂风大作，乌云从远处逐渐蔓延过来，似乎一场大雨即将来临。他给生命留了一个机会，他在心里想："如果不下雨，就好好活着，如果下雨就了此余生。"

就在他闷闷地抽烟等待时，一位精神矍铄的老人走了过来，拍拍他的肩膀说："小伙子，半山腰有什么好看的？再上一级，说不定就有好景色。"老人的话让他再也抑制不住即将决堤的泪水，他毫无保留地诉说了自己的痛苦遭遇。这时，雨下了起来，他觉得这就是天意，于是不言不语，缓缓向悬崖边走去。老人一把拉住了他："走，我们再上一级，到山顶上你再跳也不迟。"

奇怪的是，在山顶他看到了截然不同的景色。远方的船夫顶着风雨引吭高歌，扬帆归岸。尽管风浪使小船摇摆不定，行进缓慢，但船夫们却精神抖擞，一声比一声有力。雨停了，风息了，远处的夕阳火一样地燃烧着，晚霞鲜艳得如同一面战旗，一切显得那么生机勃勃。他自己也感到奇怪，仅仅一级之差，一眼之别，却是两个

不同的世界。

他的心情被眼前的图画渲染得明朗起来。老人说："看见了吗？绝望时，你站在下面，山腰在下雨，能看到的只是头顶沉重的乌云和眼前冰冷的峭壁，而换了个高度和不同的位置后，山顶上却风清日丽，另一番充满希望的景象。一级之差就是两个世界，一念之差也是两个世界。孩子，记住，在人生的苦难面前，你笑世界不一定笑，但你哭脚下肯定是泪水。"

几年以后，他有了自己的文化传播公司。他的办公室里一直悬挂着一幅山水画，背景是一老一少坐在山顶手指远方，那里有晚霞夕阳和逆风归航的船只。题款为"再上一级，高看一眼"。

当人生的理想和追求不能实现时，当那些你以为不能忍受的事情出现时，请换一个角度看人生，换个角度，便会产生另一种哲学，另一种处世观。

一样的人生，异样的心态。换个角度看人生，就是要大家跳出来看自己，跳出原本的消极思维，以乐观豁达、体谅的心态来观照自己，突破自己，超越自己。你会认识到，生活的苦与乐、累与甜，都取决于人的一种心境，牵涉到人对生活的态度，对事物的感受。你把自己的高度升级了，跳出来换个角度看自己，就会从容坦然地面对生活，你的灵魂就会在布满荆棘的心灵上作出勇敢的抉择，去寻找人生的成熟。

## 别被这个世界干扰，也别去干扰这个世界

苦难与烦恼，就像三伏天的雷雨，往往不期而至，突然飘过来就将我们的生活淋湿，你躲都无处可躲。就这样，我们被淋湿在没有桥的岸边，四周是无尽的黑暗，没有灯火，没有明月，甚至你都感受不到生物的气息。你陷入了深深的恐惧，以为自己进入了人间炼狱，唯唯诺诺不敢动弹。这样的人，或许一辈子都要留在没有桥的岸边，或者是退回到起步的原点，也许他们自己都觉得自己很没有出息。

请记住这句话：无论命运多么灰暗，无论人生多么颠簸，都会有摆渡的船，这只船就在我们手中！每一个有灵性的生命都有心结，心结是自己结的，也只有自己能解。而生命就在一个又一个的心结中成熟，然后再生。

一个成熟的人，应该掌握自己快乐的钥匙，不期待别人给予自己快乐，反而将快乐带给别人。其实，每个人心中都有一把快乐的钥匙，只是大多时候，人们将它交给了别人来掌管。

譬如有些女士说："我活得很不快乐，因为老公经常因为工作忽略我。"她把快乐的钥匙放在了老公手里；

一位母亲说："儿子没有好工作，老大不小也娶不上个媳妇，我很难过。"她把快乐的钥匙交在了子女手中；

一位婆婆说:"儿媳不孝顺,可怜我多年守寡,含辛茹苦将儿子带大,我真命苦。"

一位先生说:"老板有眼无珠,埋没了我,真让我失落。"

一个年轻人从饭店走出来说:"这家店的服务态度真差,气死我了!"

……

这些人都把自己快乐的钥匙交给了别人掌管,他们让别人控制了自己的心情。

当我们容忍别人掌控自己的情绪时,我们在头脑中便把自己定位成了受害者,这种消极设定会使我们对现状感到无能为力,于是怨天尤人成了我们最直接的反应。接下来,我们开始怪罪他人,因为消极的想法告诉我们:之所以这样痛苦,都是"他"造成的!所以我们要别人为我们的痛苦负责,即要求别人使我们快乐。这种人生是受人摆布的,可怜而又可悲。

积极的心态就是要我们重新掌控自己的人生,拿回自己快乐的钥匙。

二战时期,在纳粹集中营里,有一个叫玛莎的小女孩写过一首诗。

"这些天我一定要节省,我没有钱可节省,我一定要节省健康和力量,足够支持我很长时间。我一定要节省我的神经、我的思想、我的心灵、我精神的火。我一定要节省流下的泪水,我需要它们很长时间。我一定要节省忍耐,在这些风雪肆虐的日子,情感的温暖和一颗善良的心,这些东西我都缺少。这些我一定要节省。这一切是上帝的礼物,我希望保存。我将多么悲伤,倘若我很快就失去了它们。"

在生命都遭受到威胁的时刻,这个叫玛莎的小女孩仍然通过积极的暗示给灵魂取暖。她不怨天尤人,而是将希望之光一点点聚敛在心里，或许生命中有限的时间少了，但心中的光却多了。那些看似微弱的火光，足以照亮她所处的阴暗角落。

纵然生命都不能掌握，但快乐依然可以由我们自己来主宰，这就是积极心态的力量。

如果你处在寒冷的冬季，那么就去想象春天的生机。冬天来了，春天还会远吗？

如果你遭逢风雨，就去想象射穿乌云的阳光，因为它会带来彩虹的绚丽。

就算人生遇到了巨变，只要你去做快乐的想象，你就可以把苦涩的泪水留给昨日，用幸福的微笑迎接未来。

以我观物，万物皆着我之色彩。快乐的源泉是自己，而非他人！你想要快乐，就能制造快乐；你放弃快乐，就只能继续痛苦。以积极的心态去想象你的家人、你的朋友、你的工作，包括你自己，以感恩的心去感受生活，这样是不是快乐会多一点，痛苦会少一点呢？

其实，快乐并不在远方，它就在你身旁，你可以自主选择快乐，而快乐也很愿意自动留下来。

认识一位冥想老师，他练习瑜伽冥想多年。

那天问他："你每天笑得跟个天真的孩子似的，你的快乐是发自内心的，还是装给那些学生看的？如果是真的话，你是怎么做到的呢？"

他的回答是："我的快乐绝对是真实的。到了我们这个年纪，该经历的苦与乐都经历得差不多了。我的快乐源于一种感悟，总结起来就三个字'不干涉'。不让别人干涉你的情绪，你也别干涉自己的情绪。我给你解释一下：我们只要活着就会遇到一些人，有好人也有坏人；就会产生一些情绪，正面的、负面的都有，快乐或者不快乐。我们不要太受影响，不要让这些干涉你，你也不要去干涉这些情绪。人

的本性是真善美，当你让那些好的、不好的情绪自己离开时，你就会发现，留下来的都是那些好的感觉，人就会积极、快乐。"

排除世界的干扰，也不去干扰这个世界，让那些正能量、负能量自然而然地离开，我们就会开始接受我们自己，领略内心的满足和快乐。如此，我们也就握住了快乐的钥匙。

## 阅尽千帆，等闲沧桑

有人说，人之所以哭着来到这个世界，是因为他们知道，从这一刻起便要开始经受苦难。这话说得挺有哲理。可是，人的一生不能在哭泣中度过，发泄过后你是不是要思考一下：怎样才能让我们的人生走出困境，焕发出绚丽的色彩，让自己在生命的最后一刹那能够笑着离开？这需要的是一种积极的心态。

在今天这种激烈的角逐面前，就算曾经在某一领域无往不利、叱咤风云的人物也难免惊慌失措，做出错误的判断。失败只是人生的一种常态，不同的是，有些人在困境面前能够不受客观环境影响，不仅没有被击倒，反而将人生推上了更高的层次；有些人则很容易萎靡不振，把人生带入深渊。逆境，就是一种优胜劣汰。

前者甚至可以被撕碎，但不会被击倒。他们心中有一种光，那是任何外在不利因素都无法扑灭的对于人生的追求和对未来的向往；将后者击倒的不是别人，而是他们自己，是他们的心中没有了信念，熄灭了心中的光。

心中有光，就会有信念，就会有力量！

曾见过这样一位母亲，她没有什么文化，只认识一些简单的文字，会一些初级的算术。但她教育孩子的方法着实令人称赞。

她家的瓶瓶罐罐总是装着不多的白糖、红糖、冰糖。那时候孩子还小，每每生病一脸痛苦，她都会笑眯眯地和些白糖在药里，或者用麻纸把药裹进糖里，在瓷缸里放上一刻，然后拿出来。那些让小孩子望而生畏的药片经这位母亲那么一和一裹，给人的感觉就不一样了，在小孩子看来就充满诱惑，就连没病的孩子都想吃上一口。

在孩子们的眼中，母亲俨然就是高明的魔术师，能够把苦的东西变成甜的，把可怕的东西变成喜欢的。

"儿啊，尽管药是苦的，但你咽不下去的时候，把它裹进糖里，就会好些。"这是一位朴实的家庭妇女感悟出的生活哲理。她没有文化，但却很懂生活。

这是一种"减法思维"，减去了药的苦涩，就不会难以下咽。如今，她的孩子都已长大成人，也都有了自己的家庭，但每当情绪低落的时候，就会想起母亲说的那句话：把药裹进糖里。

她只是个普通的家庭妇女，在物质上无法给予子女大量的支持，但带给他们的精神财富却足以令其享用一生。她灌输给子女的是一种苦尽甘来的信仰，把生活的苦包进对美好未来的憧憬之中，就能冲淡痛苦；心中有光，在沉重的日子里以积极的心态去思考，就能够改变境况。

不知大家有没有读过三毛的《撒哈拉的故事》，那里充满了苦中作乐的情趣。领略过后，恐怕你听到那些憧憬旅行、爱好漂泊的人说自己没有读过"三毛"，都会觉得不可思议。

这本书含序，一共 14 个篇章，用妈妈温暖的信启程，以白手起

家的自述结尾。在撒哈拉,环境非常恶劣,三毛活在一群思维、生活都原始的沙哈拉威人之中,资源匮乏又昂贵,但她却颇懂得做快乐的想象。尽管生活中有诸多的不如意,但只要有闪光点,她就会将其想象成诙谐幽默的故事,然后娓娓道来,引人入胜。

在序里,三毛母亲写道:"自读完了你的《白手成家》后,我泪流满面,心如绞痛。孩子,你从来都没有告诉父母,你所受的苦难和物质上的缺乏,体力上的透支,影响你的健康,你时时都在病中。你把这个僻远荒凉、简陋的小屋,布置成你们的王国(都是废物利用),我十分相信,你确有此能耐。"

如果有时间,建议你买一本来看看,去了解一下那些苦中作乐的故事。那里有很多的不容易,但都被三毛轻松地带过了。

毫无疑问,三毛以及那位普通的母亲都是对生活颇有感悟的人。其实生活就是一种对立的存在,没有苦就无所谓甜,如果我们都懂得在不如意的日子里给痛苦的心情加点糖,就没有什么过不去的事情。

其实我们完全可以把人生想象成一个"吃药"的过程:在追求目标的岁月里,我们不可避免地会"感染伤病",你可以把药直接吃下去,也可以把它裹进糖里,尽管方式有所不同,但只有一个共同的目的:尽快尽早地治愈病伤,实现苦苦追求的目标。将药裹进糖里减轻了苦痛的程度,在生命力不济之时不妨试试这个方法。

生活,十分精彩,却一定会有八九分不同程度的苦。作为成熟的人,应该懂得苦中作乐。痛苦是一种现实,快乐是一种态度,在残酷的现实面前常做快乐的想象,便是人生的成熟。世界不完美,人心有亲疏,岂能处处如你所愿?让自己站得高一点,看得远一点,赤橙黄绿青蓝紫,七彩人生,各不相同;酸甜苦辣咸,五种滋味,一应俱全;喜怒哀乐悲惊恐,七种情感,品之不尽。成熟,就是阅尽千帆,等闲沧桑,苦并快乐着。

# 2

## 缱绻人生，遗憾是份不错的答卷

生活总不能完美，总有辛酸的泪，总有扼腕的悔，总有幽深的怨，总有错失的憾。其实生活可以很美，泪中可以含笑，悔中可以顿悟，怨中藏着明白，错失亦能转换。生活美与不美，就在于能否淡视那些不完美，放大那些可能的美。只要你心里有美，这个世界就很美。其实我们要修炼的就是一颗热爱这个世界的心。

## 月圆是画，月缺是美

事物发展总是遵循着自身的规律，即便不够理想，也不会单纯因为人的意志发生改变。如果有谁试图使既定事物按照自己的要求发展变化，而不顾客观条件，那么一开始就已经注定了失败。所以必须认识到，有缺陷并不是一件坏事。

有位朋友一向喜欢玉石，那天，他去首饰店，看中了一块玉。付钱的时候，店主又重复了一次：

"我卖你这玉石，再便宜不过了。"

他笑笑，没说话，店主以为他不信，又加上一句：

"真的，不过这么便宜也有个缘故，你猜为什么？"

"我知道，它有斑点。"他本来不想提的，被他一逼，只好说了，免得他一直啰唆。

"哎呀！原来你看出来了，玉石这种东西有斑点就差了，这串项链如果没有瑕疵，哇，那价钱就不得了啦！"

他买了项链，默默地走开了。

回到家里，他对父亲讲了事情的经过。

然后父亲对他说："这串玉石的斑痕的确让人一眼便可看到，但我们凭什么要说有斑点的东西不好？水晶里不是有一种叫'发晶'的种类吗？虎有纹、豹有斑，有谁嫌弃过它的皮毛不够纯色？就算退一步说，把这斑纹算瑕疵，世间能把瑕疵如此坦然相告的人也不多吧？凡是可以坦然相见的缺点都不该算缺点的。所有的无瑕是一样的——因为全是百分之百的纯洁透明，但瑕疵斑点却面目各自不同，有的斑痕是藓苔数点，有的是沙岸逶迤，有的是孤云独去，更有的是铁索横江，玩味起来，反而令人欣然心喜。"

他此时，觉得那串玉石越发贵重起来。

其实生活中本无完美，也不需要完美。我们只有在鲜花凋零的缺憾里，才会更加珍视花朵盛开时的温馨美丽；只有在人生苦短的愁绪里，才会更加热爱生命拥抱真情；也只有在泥泞的人生道路上，才能留下我们生命的足印。

看得惯残破，也是一种历练，一种豁达，一种成熟。

有位朋友，单身半辈子，快50岁，突然结了婚。新娘跟他的年龄差不多，徐娘半老、风韵犹存。只是知道的朋友都窃窃私语："那女人以前是个演员，嫁了两任丈夫，都离了婚，现在不红了。"

不知道话是不是传到了他耳里。有一天，他跟发小出去，一边开车、一边笑道："我太太前面嫁个四川人，又嫁个上海人，还在演艺圈待了二十多年，大大小小的场面见多了。现在老了，收了心，没了以前的娇气、浮华气，却做得一手四川菜、上海菜，又懂得布置家。讲句实在话，她真正最完美的时候，反而都被我遇上了。""你说得真有理！"发小说，"别人不说，我真看不出来，她竟然是当年的那位红星啊。""是啊！"他拍着方向盘："其实想想我自己，我又完美吗？我还不是千疮百孔，有过许多往事、许多荒唐。正因为我们都走过了这些，所以两个人都成熟，都知道让、都知道忍，这不完美不正是一种完美？"

的确，不完美才是生活的真滋味，有时不完美的东西从另一个角度看，反而越发觉得它珍贵，那我们又何必苦苦求索不切实际的

东西？当我们用挑剔的眼光去看待人生时，我们的潜意识已经非常不满了，我们的内心已然不能平静。一床凌乱的毯子、车身上一道划伤的痕迹、一次不理想的成绩、数公斤略显肥胖的脂肪……这些都能成为我们烦恼的原因，这表明我们的心思已经完全专注于外物，失去了自我存在的精神生活，我们不知不觉迷失了生活应该坚持的方向，被苛刻掩住了宽厚仁爱的本性……这种状态肯定不能让它持续下去，因为这会给我们以及我们身边的人带来很大的伤害。所以必须认识到，人这一辈子就是在得与失之间轮回，任何事都不可能尽善尽美，我们完全没有必要太过苛求，苛求自己，苛求身边的人和事。

诚然，没有人会满足于本可改善的不理想现状。不过，我们不提倡苛求完美，但并不是说我们不可以去向往，我们当然可以让自己做得更好：让孩子健康成长，让父母老有所依，让朋友放心托付，让自己问心无愧。幸福，不就是这么简单吗？

## 人不可太尽，事不可太尽

人不可太尽，事不可太尽，凡事太尽，势必早尽。你今天所拥有的，得之于明白，亦将毁之于明白。有时，只需糊涂一点，一切便可顺理成章、水到渠成，为何一定要问个明白、探个究竟？其实更多时候，人更需要的是审视自我，因为了解自己总比了解别人重要得多。

有些时候，人之所以活得不快乐，或许正是因为活得太明白。太明白了，便会失望，便会伤心，这又何必？让一切淡淡地来，也淡淡地去，生活就是如此，不必太计较，否则为难的便是自己。

其实，世间事总没有多少能说得清，道得明。有时越是想弄得清清楚楚，明明白白，却越是会弄得糊里糊涂。所以，许多事还是不要太明白了。

有两个落水者，一个视力极好，一个患有近视。两个落水者在宽阔的河面上挣扎着，很快就筋疲力尽了。突然，视力好的那位看到了前面不远处有一艘小船，正在向他们这边漂来。患有近视的那位也模模糊糊地看到了，于是，两人便鼓起勇气，奋力向小船划去。

划着划着，视力好的那位便停了下来，因为他看清了，那不是一艘小船，而是一截枯朽的木头。但患有近视的人却并不知道那是一截木头，他还在奋力向前划着。当他终于划到目的地，并发现那竟然是一截枯朽的木头时，他已离岸不远了。视力好的那位就这样在水里丧失了生命，而近视的那位却获得了新生。

无独有偶，在美国，有两家同样大小的公司，它们的总裁一个叫科威特，一个叫费舍尔。科威特是一位精于算计的人，凡事都比别人看得长远。他早早预测到了2008年美国的金融危机，所以决定将公司解散，还能给自己和员工们留一些生活费，不然到时肯定会负债累累。因为据他分析，在2008年，美国有30%的公司要倒闭，像他现在这样的小公司，肯定在那30%之中。

费舍尔不但不是一个善于算计的人，甚至还给人一种愚笨的感觉。他憨憨地认为，未来永远是无法预测的，就算你将世界上最完美的计划放在他的面前，他也不会相信，因为未来还没有真正到来。他觉得自己的公司只要能够生存一天，他就一定要让它支撑下去。

结果，他的公司竟然奇迹般地渡过了这场席卷全球的金融危机。最终，会算计的人将公司解散了，而不会算计的人却将公司办得比以前更红火了。

人生中很多事就是这样，不知道比知道的好，不灵便的比灵便的要好，不精明的比精明的要好。这就是人们常说的难得糊涂。世事无常，并非因人而定，生活中那些纷纷扰扰、悲欢离合在所难免。人生有痛苦，亦有快乐，故事的结局是悲是喜无从知晓，倒不如简单一点、低调一点、糊涂一点。人活得太清楚，反而无趣。

其实很多时候，我们之所以感到不满足和失落，恰恰是因为我们在闭眼看自己，却将眼睛睁得大大地去看待这个世界，因而我们感到不公、感到不幸、感到别人都比我们幸运！如果我们安心享受自己的生活，不和别人计较，在生活中就会减少许多无谓的烦恼。

所以，我们不妨睁一只眼睛闭一只眼睛做人。你淡然面对，就会发现：天没放晴，是因为雨没下透，下透了，自然就晴了。所以，我们要学会坦然一点，跟家人和朋友一起，享受坦然的生活，追逐自然的幸福。

## 风光无限的背后

这是一则流传很广的故事：有个英俊聪明的小伙子，一心想找一个完美无缺的妻子。他找呀找，找了整整40年也没有找到。这个小伙子变成了一个老头,还不停地寻找一个完美无缺的女人。

有人问他:"老公公,这么多年来,你还没有找到一个称心如意的?"

老头说:"找到过一个。"

"那你为啥不要她?"

"唉,那女人要找一个完美无缺的男人。"老头痛惜地说。

世上本没有完美,几千年前的古人即已对此有着极其清醒的认识,并且记录在案。《左传·宣公十五年》中的民谣说:所谓高低之分,应该在于心中;河流和沼泽容纳着污泥,丛山和草丛隐藏着祸患,质地美好的玉石藏匿着瑕疵,国家君主有些缺点,这实在是大自然的规律。

在世人眼中,总有些人在我们的眼中看上去风光无限。在我们的眼里,是左看也完美,右看也完美,但是,事情的表象与实质往往是大相径庭,甚至是南辕北辙的。我们哪里清楚,风光无限的背后,也许暗中包含着无数的辛酸。所谓鱼与熊掌不能兼得,当一个人的事业取得成功,他就不得不付出相应的精力,也许,就会相对地冷淡了家庭,也许家庭就会因此笼上一层淡淡的阴云。总之,生活是不会让一个人完全称心如意的。

这是某杂志披露的真实故事:某广播电台的谈心栏目的节目主持人以圆润的嗓音、丰富的人情味儿、富于哲理和诗意般的语言,叩开了无数听众的心扉,成为一代明星、青春偶像。可是有一天,当人们再次打开收音机时,听到的却是她自杀的消息。许多人对此十分惋惜,他们不禁要问:是什么使这位前途光明的主持人走上了绝路?

她的事业是成功的。她从一个没有文凭、没有播音经验的播音员开始,最终成为一颗闪亮的明星,走过了艰难而辉煌的人生奋斗

历程。她主持的栏目牵动了千万人的心。作为一个明星节目主持人，她从中体会到的欢乐几乎和烦恼相等。众口难调，节目制作要求越来越高，难度越来越大，她必须付出艰苦的劳动才能不辜负听众的热望。在享受听众给予的荣誉的同时，她也饱尝着身心的极度劳累之苦。她也是普通女人，也有事业的劳累、家庭的烦琐；她是公公、婆婆的儿媳妇，是父母的女儿，孝敬老人是天经地义的义务；她是丈夫的妻子，是孩子的母亲，做一个紧妻良母是她义不容辞的责任；她是单位领导的下属、同事的同事、听众的偶像，做好本职工作、处理好人际关系是她责无旁贷的职责。多重角色使她担负着沉重的担子，她有一种不胜负荷的沉重感，但是强烈的事业心使她不忍心敷衍自己的工作，所以在家庭和事业两者之间，她把更多的精力投入到了工作之中，这就无形之中使丈夫感到受了冷落。于是恩爱夫妻的感情开始淡化，终于有一天一个比她年轻的女人取代了她在丈夫心目中的地位。

　　真诚的爱情受到亵渎，使她无法容忍，想要离婚，可是内心又非常矛盾和痛苦。她十分珍惜自己的家庭，希望丈夫回心转意，可是无论她怎样努力一切都无济于事，而且公公、婆婆不但不指责儿子，反而强调是她对这个家庭关心得太少才导致这个局面的。父母除了陪她叹息之外，毫无办法。儿子太小还无法理解妈妈的痛苦。她是一个自尊心很强的女人，根本不愿意在外人的眼里造成一个失败者的印象。所以所有的痛苦她都闷在心里，在外总是给人一种风光无限的印象，终于有一天，她再也承受不住了，觉得从现实中得不到解脱。最后，她选择了死。

　　她能解开众多听众心中的疙瘩，却无法解开自己的生活之结、感情之结。

　　生活中没有完美，生活中也不该追求完美。如果奢求完美，那也只能是水中月、镜中花般地遥不可及。我们生存在现实中，本就已经因为无数的重担压在肩头，而显得身心疲惫，难堪重负，我们又怎可以因为空中楼阁式的寻觅给自己增加额外的负担？

## 接受自己的不足，才算接受了自我

正视缺陷，由此我们也将进入另一片风景胜区。

希尔·西尔弗斯坦在《失去的部件》一书中讲述了这样一个童话故事，一个圆环失去了一部分，于是它旋转着去寻找这个部分。

因缺少这个部分，它只能非常缓慢地滚动，这样它就有机会欣赏沿途的鲜花，并可以与阳光对话，同蝴蝶吟唱，和地上的小虫聊天……这些都是它完整无缺、快速滚动时所无法注意、没能享受到的。

有一天，这个圆环终于找到了丢失的那个部分，它很高兴，又开始滚动起来。可是，因为完整，滚得太快，它失去了所有的朋友，不再能从容地赏花，也没有机会聊天，一切都变得稍纵即逝……这个圆环最后在一片草地上丢下了那个找到的部分，又成为一个有缺陷但快乐的圆环。

我们每个人都不是完美无缺的，这是无可置疑的事实。如果我们脑海中完美意识过浓，就应该适当地削减些，放弃一些，以平和的心态去看待，将使我们及早地接受这一事实，并且及早地在此方

向有所改观,我们也将及早在此受益,这是人生的真谛。

美国心理学家纳撒尼雨·布兰登举过一个他亲身经历的例子:许多年前,一位叫洛蕾丝的24岁的年轻妇女无意中读了他的一本书,找他进行心理治疗。洛蕾丝有一副天使般的面孔,可骂起街来却粗俗不堪,她曾吸毒、卖淫。

布兰登说,她做的一切都使我讨厌,可我又喜欢她,不仅因为她的外表相当漂亮,而且因为我确信在堕落的表象下她是个出色的人。起初,我用催眠术使她回忆她在初中时是个什么样的女孩子。她当时很聪明,但是不敢表现自己,怕引起同学的忌妒。她在体育上比男孩强,招惹来一些人的讽刺挖苦,连她哥哥也怨恨她。我让她做真空练习,她哭泣着写了这样一段话:"你信任我,你没有把我看成坏人!你使我感到痛苦,也感到了期望!你把我带到了真实的生活,我恨你!"

一年半后,洛蕾丝考取洛杉矶大学学习写作,几年后成为一名记者,并结了婚。10年后的一天,我和她在大街上邂逅,我几乎识不出她了:衣着华丽,神态自若,生气勃勃,丝毫不见过去的创伤。寒暄后,她说:"你是没有把我当成坏人看待的那个人,你把我看作一个特殊的人,也使我看到了这一点。那时我非常恨你!承认我是谁,我到底是什么人,这是我一生中从未遇到的事。人们常说承认自己的缺点是多么不容易的事,其实承认自己的美德更是难上加难。"

真正做到放弃完美,自我接受并不容易。因为自我肯定这个事实,你就必须真正保持清醒的头脑,勇敢地承认事实。面对完美主义者来说,承认自己的缺陷要比寻常人克服更多的心理障碍,需要更大的勇气来面对。

当你接受了自身不足,这时你才算接受自我,一个人最大的敌人莫过于自己。如果连自己都可以战胜，那还有什么困难不可以克服呢？如此一来，放弃完美，收获更美也就自然是水到渠成的事了。

## 情不能完美，但真的很美

生活中的男男女女都幻想着得到至真至纯的爱情，渴望着遇到完美的爱人，但结果却往往事与愿违。

长得帅的未必有钱，有钱的又未必专情，漂亮的未必贤惠，而贤淑的又未必漂亮……生活就是这样，鱼与熊掌不可兼得，爱情也一样，不可能完全达到你理想中的状态。过分追求完美，只会堵死爱情的通道。

水瑶、丹丹、雪儿是好得不能再好的闺中密友，三人中水瑶长得最美，雪儿最有才华，只有丹丹各方面都平平。三个人虽说平时好得恨不能一个鼻孔出气，但是在择偶标准上，却产生了极大的分歧。水瑶觉得人生就应该追求美满，爱情就应该讲究浪漫，如果找不到一个能让自己觉得非常完美的爱人，那么情愿独身下去。雪儿则觉得婚姻是一辈子的大事，必须找一个能与自己志趣相投的男人才行。只有丹丹没有什么标准，她是个传统而又实际的人——对婚姻不抱不切实际的幻想，对男人不抱过高的要求，对人生不抱过于完美的奢望。她觉得两个人只要"对眼"，别的都不重要。

后来，丹丹遇到了陈军，陈军长相、才情都很一般，属于那种

扎在人堆里就会被湮没的男人，但他们俩都是第一眼就看上了对方，而且彼此都是初恋的对象，于是两个人一路恋爱下去。对此水瑶和雪儿都予以强烈的反对，她们觉得像丹丹这样各方面都难以"出彩"的人，婚姻是她让自己人生辉煌的唯一机会，她不应该草率地对待这个机会。但是丹丹觉得没有人能够知道，漫长的岁月里，自己将会遇见谁，亦不知道谁终将是自己的最爱，只要感觉自己是在爱了，那么就不要放弃。于是丹丹23岁时与陈军结了婚，25岁时做了妈妈。虽说她每天都过得很舒服、很幸福，但她还是成为了女友们同情的对象，水瑶摇头叹息：花样年华白掷了，可惜呀。雪儿扁着嘴说：为什么不找个更好的？

当年的少女被时光消耗成了三个半老徐娘，水瑶众里寻他千百度，无奈那人始终不在灯火阑珊处，只好让闭月羞花之貌空憔悴；而雪儿虽然如愿以偿，嫁给了与自己志趣一致的男士，但无奈两个人总是同在一个屋檐下，却如同两只刺猬般不停地用自己身上的刺去扎对方，遍体鳞伤后，不得不离婚，一旦离婚后，除了食物之外她找不到别的安慰，生生将自己昔日的窈窕，变成了今日的肥硕，昔日才女变成了今日的怨女；只有丹丹事业顺利，家庭和睦，到现在竟美丽晚成，时不时地与女儿一起冒充姐妹花"招摇过市"。

水瑶认为完美的爱人、浪漫的爱情能使婚姻充满激情、幸福、甜蜜，其实不然，完美的爱人根本就是水中月镜中花，你找一辈子都找不到，况且即使你找到了自己认为是最美满、最浪漫的爱情之后，一遇到现实的婚姻生活，浪漫的爱情立刻就会溃不成军。因为你喜欢的那个浪漫的人，进了围城之后就再也无法继续浪漫了，这样你会失望，失望到你以为他在欺骗你；而如果那个浪漫的人在围城里继续浪漫下去，那你就得把生活里所有不浪漫的事都担待下来，那样，你会愤怒，你以为是他把你的生活全盘颠覆了。

雪儿自视清高，把精神共鸣和情趣一致作为唯一的择偶条件。她期望组织一个精神生活充实、有较强支撑感的家庭，她希望夫妻之间不仅有共同的理想追求和生活情趣，而且还有共同的思想和语言。可是事实证明她错了，她的错误并不在于对对方的学识和情趣提出较高的要求，而在于这种要求有时比较褊狭和单一。实际上，伴侣之间的情趣并不一定限于相同层次或领域的交流，它的覆盖面是很广泛的，知识、感情、风度、性格、谈吐等都可以产生情趣，其中，情感和理解是两个重要部分。情感是理解的基础，而只有加深理解才能深化彼此间的情感，双方只要具备高度的悟性，生活情趣便会自然而生。

丹丹的爱也许有些傻气，但是恰恰是这种随遇而安的爱使她得到了他人难以企及的幸福。爱情中感觉的确很重要，感觉找对了，就不要考虑太多，不然，会错过好姻缘的。将来的一切其实都是不确定的，不确定的才是富于挑战的。等到确定了，人生可能也就缺少了不确定的精彩了。丹丹很庆幸自己及时把握了自己的感觉，青春的爱情无法承受一丝一毫的算计和心术。上天让丹丹和陈军相遇得很早，但幸福却并没有给他们太少。

那些像丹丹一样顺利地建立起家庭的女士，似乎都有一个共同的心理特征，即方圆而为，率性而立，她们敢于决断，不过分挑剔。爱情中的理想化色彩是十分宝贵的，但是理想近乎苛求，标准变成了模式，便容易脱离生活实际，显得虚幻缥缈。

现实生活中女人寻找的是"白马王子"，男人寻找的则是才貌双全的"人间尤物"，他们寄予爱情与婚姻太多的浪漫，这种过于理想化的憧憬，使许多人成了爱情与浪漫的俘虏。所以，奉劝那些尚未走进殿堂的男男女女，爱得实际一点，不要给予爱情太高的期望。

珍惜你身边的人，尽管他（她）有着这样或那样的缺点，但他

（她）却是最爱你的人，和他（她）在一起你会感到安全和快乐。也许，他（她）不是最好的，但却是最适合你的那个。这难道这还不够吗？谁说残缺就不美？爱情不能完美，但爱情可以很美！

# 好花要看半开时

人生有无限的机会、无限的力量、无限的潜能、无限的意义。可以说，人生就是一个"无限"。但是，我们也不能因为无限，就毫无顾忌，妄肆而为。有时候，更应该有个"适可而止"的人生。强开的花难美，早熟的果难甜，天地的节气岁令，总有个时序轮换。悬崖要勒马，尸祝不代庖，举凡吾人的行事，也要有个分寸拿捏。《宝王三昧论》也说："于人不求顺适，人顺适则心必自矜。见利不求沾分，利沾分则痴心亦动。""适可而止"的人生，实在可以作为座右铭供参考。

在生活悲欢离合、喜怒哀乐的起承转合过程中，我们应随时随地、恰如其分地选择适合自己的位置。先贤说："贵在时中。"时就是随时，中就是中和，所谓时中，就是顺时而变，恰到好处。正如孟子所说的："可以仕则仕，可以止则止，可以久则久，可以速则速。"鉴于人的情感和欲望常常盲目变化的特点，讲究时中，就是要注意适可而止，见好就收。一个人是否成熟的标志之一是看他会不会退而求其次。退而求其次并不是懦弱畏难。当人生进程的某一方面遇到难以逾越的阻碍时，善于权变通达，心情愉快地选择一个更适合自己的目标去追求，这事实上也是一种进取，是一种更踏实可行的以退为进。古人说："力能则进，否则退，量力而行。"我们在前文也有强调，自不量力、一味逞能实在是我们经营人生的大忌，当我们在一种境地中感到力不从心的时候，退一步或许就是海阔天空。

其实，人生很需要讲究一下"恰到好处"，这是一种什么样的意境呢？就是"美酒饮到微醉处，好花看到半开时"。明人许相卿也说："富贵怕见花开。"此语殊有意味。言已开则谢，适可喜正可惧。做人要有一种自惕惕人的心情，得意时莫忘回头，着手处当留余步。此所谓"知足常足，终身不辱，知止常止，终身不耻"。宋人李若拙因仕海沉浮，作《五知先生传》，谓做人当知时、知难、知命、知退、知足，时人以为智见，反其道而行，结果必适得其反。

然而尘世间，君子好名，小人爱利，大抵如此。可叹，人一旦为名利驱使，往往身不由己，只知进，不知退。

人在世上，知足就能常乐，见好就收，才是真正的聪明。《红楼梦》中第一回就讲"因嫌纱帽小，致使锁枷扛"。这不就是贪婪的结果？曾听朋友说起这样一件事，颇觉有趣：他的姑婆，一位思想守旧的老人家，一生没有穿过合脚的鞋子，她那鞋总是最大号的。儿孙辈们不解，就问她，她是这样回答的："大鞋小鞋都花一样的钱，为什么不买大的？"

每每朋友说起这件事，总有一些人笑得直不起腰。但事实上，我们之中很多人就有姑婆这样的思想：明明身处不甚寒冷的南方，却偏偏要人给买貂绒大衣，结果显得那样不伦不类；明明肠胃不好，有人请吃海鲜就大快朵颐，结果身体受罪……这些人总是想着能多占就多占，其实只是被内在贪欲推动着，就好像买了特大号的鞋子，

忘了自己的脚一样。事实上，无论买什么鞋子，合脚才是最好，不论追求什么，最好还是适可而止。

正所谓"知止所以不殆"，人的欲望沟壑永远也填不满，谁若是一味地追求欲望，那么一生都不会体会到满足的幸福。

这世上没有常青树，也没有常胜将军，在人生这段旅程上，此一时有此一时的想法，彼一时有彼一时的境遇，环境在变，人就要随着应变，以求做出最好的自我调整。无疑，"适可而止，见好就收"的心态，更能令我们清晰地认知外界的这种变化。

大千世界，潮涨潮落，阴晴圆缺，成败得失，悲欢离合，万物自有其自身的发展规律，许多时候并不是人力所能转移的。如果我们固执于此，岂不是自己给自己添堵？"深信高禅知此意，闲行闲坐任荣枯"，看看这是一种多么洒脱的境界。做人做事当能及此一二，人生必是另一番皆大欢喜的大好局面。

# 有了错过，才会有新的遇见

生活中有一种痛苦叫错过。人生中一些极美、极珍贵的东西，常常与我们失之交臂，这总会让我们感到遗憾和痛苦。其实大可不必，喜欢一样东西未必非要得到它。

仔细想想，遗憾能给你留下什么？除了一种难以诉说的隐痛，似乎没有任何好处。所以，不要让自己总是怀有这种隐痛。佛法讲

"万事随缘"，既然你与之无缘，那就随它自去吧！

禅界里讲了这样一个故事以警世人。

小孩在一处平静之地玩耍，这时来了一位禅师，他给了小孩一块糖，于是，小孩非常高兴。

过了一会儿，禅师看见小孩哭得很伤心，就问他为什么要哭。那小孩说："我把糖丢了。"

禅师想："这小孩没糖时很平静，平白无故得到糖时很高兴，等到糖丢了时，便极度地伤心。那失去糖后，应与没得到糖时一样呀，又有什么伤心的呢！"

是啊！为什么要伤心呢？

岁月会把拥有变为失去，也会把失去变为拥有。你当年所拥有的，可能今天正在失去，当年未得到的，可能远不如今天你正拥有的。有时候错过正是今后拥有的起点，而有时拥有恰恰是今后失去的理由。

报纸上曾报道过这样一件事。

美国的哈佛大学要在中国招一名学生，这名学生的所有费用由美国政府全额提供。初试结束了，有三十名学生成为候选人。

考试结束后的第十天，是面试的日子。三十名学生及其家长云集锦江饭店等待面试。当主考官劳伦斯·金出现在饭店的大厅时，一下子被大家围了起来，他们用流利的英语向他问候，有的甚至还迫不及待地向他做自我介绍。这时，只有一名学生，由于起身晚了一步，没来得及围上去，等他想接近主考官时，主考官的周围已经是水泄不通了，根本没有插空而入的可能。

于是他错过了接近主考官的大好机会，他觉得自己也许已经错过了机会，于是有些懊丧起来。正在这时，他看见一个外国女人有些落寞地站在大厅一角，目光茫然地望着窗外，他想：身在异国的

她是不是遇到了什么麻烦,不知自己能不能帮上忙。于是他走过去,彬彬有礼地和她打招呼,然后向她做了自我介绍,最后他问道:"夫人,您有什么需要我帮助的吗?"接下来两个人聊得非常投机。

后来这名学生被劳伦斯·金选中了。原来,那位异国女子正是劳伦斯·金的夫人。他的无心善举为他赢得了入选的机会。这件事曾经引起很多人的震动:原来错过了美丽,收获的并不一定是遗憾,有时甚至可能是圆满。

人生要留一份从容给自己,这样就可以对不顺心的事,处之泰然;对名利得失,顺其自然。要知道世上所有的机遇并不都是为你而设的,人生总是有得有失,有成有败,生命之舟本来就是在得失之间浮沉!美丽的机会人人珍惜,然而却并非我们都能抓住,错过了的美丽不一定就值得遗憾。

跋涉于生命之旅,我们的视野有限,如果不肯错过眼前的一些景色,那么可能错过的就是前方更迷人的景色。只有那些善于舍弃的人,才会欣赏到真正的美景。

有错过,才会有新的遇见,有些错过会诞生美丽,只要你的眼睛和心灵始终在寻找,幸福和快乐很快就会来到。只是有的时候,错过需要勇气,也需要智慧。

# 3

## 寂寞，让我们聆听自己的心声

　　有人说，寂寞是一种感觉、一种情绪；也有人说，寂寞是一种孤独的悲哀，是一种自我封闭的表现……其实，寂寞是一种心境：朝夕为得失忙碌的人，根本体验不到人生还有一种东西叫寂寞；沉湎于浮躁焦虑中的人，亦无法体会到寂寞所拥有的独特滋味。寂寞属于平和而心静的人，那是一种难得的心境。拥有了寂寞的人，才能聆听自己的心声。于是，灵感在寂寞中产生，创造在寂寞中萌发，思想在寂寞中闪烁。学会了品味寂寞，才会有一些意想不到的收获。

# 静见真如性

　　人心如长河，常在流转荡漾，难得片刻安宁。用庄子的话说，叫作"日与心搏"。很多人都是这样，内心澄净的时候少，躁乱的时候多，将大量精力投入到与内心的搏斗之中：有所得之时，兴奋之情溢于言表；有所失时，则伤心欲绝、不能自已；心有所虑，食不下咽、辗转难眠；心有所思，眉黛紧锁、日渐憔悴……得失爱恨，无不心潮迭起，心态失衡，久久无法平静。人若是这样活着，累不累？

　　很累，真的很累！然而，人活着，就要经历这个世界的沧桑变幻，就要体会这人世间的得失爱恨、是是非非，我们很无奈，因为这是一种必然，我们无力改变。不过，我们可以改变自己的心境。情由心生，如果我们能让自己的心释然一些，淡看春花秋月，淡看沧海桑田，淡看人世间的是是非非、错综复杂，我们就能卸下那份负累，活得恬然自得，悠然自在。

　　唐朝有位高僧，世称寒山大师，曾将自己多年修行的感悟写成诗歌，道出的就是这种境界，我们一起体会一下。

　　诗云："登陟寒山道，寒山路不穷。"从字面上看，这是在说自己攀登寒山山道，而寒山高且陡，道路不绝，其中暗含禅意，意指修行之路永无尽头，佛德智慧博大精深、奥妙无穷。下两句"溪长石磊磊,涧阔草濛濛。苔滑非关雨,松鸣不假风",看似在吟风弄月,实则亦有玄机,分明是在描绘参禅后淡泊宁静的悠远境界。最后一句乃点睛之笔:"谁能超世累,共坐白云中。"有谁能够从世俗物累中超脱,与我共同打坐白云中?在这里,白云并非实指,而是象征佛学的至高意境。由诗可见,寒山大师当时的修行已达到心中空明的境界,心无杂念,一心求佛。

这种境界用我们俗家人的话来说就是"淡泊宁静",譬如"老子"的"恬淡为上,胜而不美"、香山居士的"身心转恬泰,烟景弥淡泊",讲的都是这个。武侯诸葛亮对此剖析得则更为透彻,他在《诫子书》中说道:"夫君子之行,静以修身,俭以养德。非淡泊无以明志,非宁静无以致远。夫学须静也,才须学也。非学无以广才,非志无以成学。淫漫则不能励精,险躁则不能治性。年与时驰,意与日去,遂成枯落,多不接世。悲守穷庐,将复何及!"寥寥数语,字字精辟,千年之后我辈读起,仍有清新澄澈之感浸入心头,似一汪圣水在洗涤心灵。

然而,人性毕竟太过软弱,常经不起喧嚣尘世的折磨。于是我们之中有些人贪恋富贵,遂被富贵折磨得寝食难安;有些人沉迷酒色,从此陷入酒池肉林,日益沉沦;有些人追逐名利,致使心灵被套上名缰利锁,面容骤变,一脸奴相……试想,倘若我们心中能够多一些淡泊,能够参透"人闲桂花落,夜静春山空;月出惊山鸟,时鸣春涧中"的意境,是不是就能在宁静中得到升华,抛弃尘滓,让心从此变得清澈剔透?

这是不言而喻的,你看那古今圣贤,哪个不是以"淡泊、宁静"为修身之道?在他们看来,做人,唯有心地干净,方可博古通今,学习圣贤的美德。若非如此,每见好的就偷偷地用来满足自己的私欲,听到一句好话就借以来掩盖自己的缺点,这是不能领悟人生大

境界的。

读书修学，在于安于贫寒、心地安宁。美文佳作，却是人间真情。心地无瑕，犹如璞玉，不用雕琢，而性情如水，不用矫饰，却馥郁芬芳。读书寂寞，文章贫寒，不用人家夸赞溢美，却尽得天机妙味，体理自然。

可见，淡泊的意境并非遥不可及，重点在于认清淡泊的真义。对于淡泊的错误解读有两种，一种是躲避人生，一种是不求作为，前者消极避世、废弃生活之根本，却冠冕堂皇地冠以淡泊之名，淡泊由此成了一种美丽的托词；后者将淡泊与庸碌相提并论，扭曲真意，于是淡泊不幸沦为不求上进、不求作为的借口，实在亵渎这种超脱的意境。

其实淡泊并非单纯地安贫乐道。淡泊实为一种傲岸，其间更是蕴藏着平和。为人若能淡看名利得失，摆脱世俗纷扰，则身无羁勒，心无尘杂，由此志向才能明确和坚定，不会被外物所扰。

淡泊宁静所求的是心灵的洁净，禅意盎然。莲池大师在《竹窗随笔》中有云："尔来不得明心见心性，皆由忙乱覆却本体耳；古人云，静见真如性，又云性水澄清，心珠自现，岂虚语哉。"由此可见，淡泊生于心的宁静，倘若内心焦躁，即便我们有心修行淡泊的境界，亦是枉然，更别提淡泊明志、宁静致远了。相反，倘若我们内心宁静，就不会流连于市井之中，不会被声色犬马扰乱心智。心中宁静，则智慧升华，我们的灵魂亦会因智慧得到自由和永恒。

所以别忘了告诉自己，不管世界多么热闹，热闹永远只占据世界的一小部分，热闹之外的世界无边无际。那里有着"我"的位置，一个安静的位置。这就好像在海边，有人弄潮，有人嬉水，有人拾贝壳，有人聚在一起高谈阔论，而"我"不妨找一个安静的角落独自坐着。是的，一个角落——在无边无际的大海边，哪里找不到这样一个角落呢——但"我"看到的却是整个大海,也许比那些热闹地聚玩的人看得更加完整。

## 因为不能忘我,所以有所困惑

老子曾说:"宠辱若惊,贵大患若身。何谓宠辱若惊?宠为下,得之若惊,失之若惊,是谓宠辱若惊。何谓贵大患若身?吾所以有大患者,为吾有身。及吾无身,吾有何患?故贵以身为天下,若可寄天下。爱以身为天下,若可托天下。"

何为宠辱?其实,宠与辱往往是相对心境来说的。宠是得意的总集,辱是失意的代表。一个看重名利的人,一旦得意就容易忘形,忘乎所以;修养不够的人在失意时也陷入悲观失落的境地。因为不能忘我,所以有所困惑。而在进入无我之境时,就会没有忧患,便可以承担大任。

"无我"并非看不到自己存在的价值,更不是对自己一点也不信任。"无我"的境界是一种超然,你的存在要有一定的价值,但是在你做事情的时候又不能只是单纯地考虑到自己的利益,要学会将自己与别人甚至是社会融合在一起,这样才能够真正做到"无我",也才能够让自己的内心得到平静。

一次,在课堂上,有位学生问国学大师南怀瑾爱情哲学的内涵。南怀瑾回答,人最爱的是"我"。所谓"我爱你",那是因为我要爱

你才爱你。当我不想，或不需要爱你的时候便不爱你。所以，爱便是自我自私最极端的体现。南怀瑾强调说，这里的"我"不仅仅指肉体。面对危机，壮士会选择断腕，由此，为了求生，人不愿却不得不忍痛割舍与生俱来、唇齿相依的肢体。所以，就算是自己贵重的身体，到了生死攸关之际，也不是人的最爱，就更不要说与我们山盟海誓、卿卿我我的恋人。明朝有个木有堂禅师曾写下这样的诗句"天下由来轻两臂，世间何苦重连城"，讲的就是这个道理。

人的一生中很多事都是这个道理，如生活和工作。与其将其当作一种追求，不如把它看成一种享受。面对困境，要心平气和地投入到你最感兴趣的事物中，工作也好，读书也罢，一旦全身心投入，就会慢慢忘记自己的存在。连自己都忘记了，周围的事物就自然而然地消失了。

瑞典的一户富家女儿，小时候得了一种罕见的瘫痪症，打那以后，小女孩的双腿丧失了走路的能力。怕女儿在家会得抑郁症，父母决定带着女儿四处游玩。

一次，一家人在海上航行的时候，和蔼可亲的船长太太与小女孩聊天。尽管环游四海，看到船长家的天堂鸟，小女孩还是非常好奇，因为这只天堂鸟太漂亮了。船长太太有事离开了，女孩对那只素未谋面的漂亮天堂鸟十分着迷，萌生了要去亲自看一眼的想法。保姆走开了，不在女孩的身边。女孩按捺不住强烈的想法，于是让路过的一名船员带她去找船长。船员并不知道女孩不能行走，就只管前面带路。因为急着看天堂鸟，看着船员在前面走，她自己竟然也慢慢地走起来。就这样，在一种忘我的状态中，小女孩的腿又能走路了。长大后，她又忘我地投入到文学创作中，创作了不少深受读者喜欢的作品，还获得了诺贝尔文学奖，让她成为第一位获此殊荣的女性，也许，故事到这里很多人都猜到了主人公的名字，她就是西尔玛·拉格洛芙。

　　自我的人生往往是狭隘的，让你总是有山重水复的感觉。在生活中，我们经历的事情各种各样，不管是做什么事情，我们的内心都希望得到平静，但是要知道，不管是做什么事情，都要让自己变得轻松，不要因为太专注于自我，而让自己成为了一个生活的失败者。

## 只有寂寞与孤独会一直陪着你

　　没有人能够陪伴你一生，即便是你的父母。如果能够意识到这一点，就应该让自己敢于接受生活中的寂寞，只有领悟了寂寞，才能在真正寂寞的时候沉淀自我。

　　每个人的生命都如同一棵成长中的树一样，虽然我们相互依靠，甚至成群结伴，一起组成蔚为壮观的广阔森林，成为森林的海洋，然而整个森林里的每一棵树都是独立的，每棵树都有自己生存的空间。每棵树的成长都是要靠自己，靠着自己的能力来拼命汲取养分，独自承担风雨，最终长成参天大树。试想，如果不是不同生命分离开来，我们也便失去了自我，也就不会有彼此，更不会有独立于自我而存在的那个浑然一体的客观世界。也许，这独立正是生命意义的所在吧。倘若我们忍受不了孤独和寂寞，也就体会不到孤独和寂寞的意义，更别说参透自己与他人、自己和客观世界的关系了，就

会错失领悟生命真谛的良机。

　　海明威的一生是在孤独中度过的。在《海明威全传》中，柳鸣九这样写道："诺贝尔奖获得者，就是西绪福斯式的巨人，他们的人生是充实的、不朽的人生。"毋庸置疑，海明威的人生是充实而不朽的。但是除了充实与不朽，海明威的人生更重要的特点就是孤寂。自打开始写作、品尝了爱情，海明威就注定了要踏上人生的孤独之旅。他与孤独的缘分主要在于他的性格爱好。无论是观察海明威一生的轨迹，还是感受他的作品，我们无不感受到一种浓郁的孤独之感。

　　关于海明威的传记很多，大多都说少年海明威和母亲格雷丝的关系不是很和睦。可以想象，连自己至亲至爱的母亲都与自己相处不好，海明威的个性肯定会有一些孤僻。长大后的海明威喜欢拳击，与大多数体育运动不同，拳击不需要集体合作。拳击不需要协作，它是凭一己之力在有限的时间内把对手击倒的一项体育比赛。在比赛中，无论胜负，都注定了无法逃避的孤独。被人击倒，继续去孤独中磨炼；击倒别人，便失去了对手，只有在孤独中等待。

　　海明威的感情世界依然是孤独的。海明威一生经历了四次婚姻。与玛丽的第四次婚姻，之所以能够维持到生命结束，最重要的是因为玛丽有宽容海明威一切的胸怀，而激情不再的海明威确实也需要一个有韧性的伴侣的照顾。海明威的最后一次婚姻是最和平的，爱情也是最平庸的，妻子玛丽对他的爱远远超过了海明威付出的爱。然而，这段婚姻中，海明威是孤独的。《乞力马扎罗的雪》中第一句话是这么写的：

　　"乞力马扎罗是一座海拔1万9710英尺的常年积雪的高山，据说它是非洲最高的一座山。"

　　由此，海明威的孤独映现进他的作品中了，他的作品是他的人生的写照。他的孤独和寂寞让他成就了属于自己的艺术，所以说这种寂寞也是一种自我的修行。

人生是一场漫长而孤独的旅程，每一个阶段都犹如生命列车不同的站台，每到一个新的站台，都会有人上车，也会有人下车。也许上车的人你素未谋面，以前从未接触，而下车的人可能与你已分外熟识，甚至是至爱亲朋。在人生列车不断停靠、人们不断上下车过程之中，你与很多人擦肩，你们或陌生或熟悉，但无一例外的是注定成为彼此生命中的过客，人生漫长旅程中，没有谁能始终陪伴你左右。能够陪你从始至终的，只有寂寞与孤独。

所以李白说"古来圣贤皆寂寞"。我们虽不能像圣贤一样忍受如此寂寞的生活，但至少可以从中得到许多启示。不管是做什么事情，也不管你的人生有多么难过，你需要的不仅仅是寂寞，当你寂寞的时候你会得到什么？或者说你希不希望自己的生活变得寂寞，如果你能够寂寞地对待自己的人生，从中了解自己寂寞的原因，那么寂寞的时光就是你的人生的一种修养。

人生就是一种修行，不管你经历什么，不管你为什么而工作，你得到的就是经历的，同样地，在你的生活中，你经历的东西往往并不是人生的一种简单的经历，在生活中，你经历的往往是修行，每个人都希望自己能够得到更多的东西，拥有更丰富的财富，但是，如果你不懂得运用自己寂寞的修行，那么最终你是不会看到云开雾散的那一天的。

## 煎熬为你画上圆满的句号

　　寂寞像是一首歌，在很多时候，只有你能够听懂这首歌，你才会对自己的人生有新的认识，或者说你才能够让自己的内心得到更大的平静。每个人的人生都会经历十分重要的事情，而在很多时候如果你能够运用好寂寞，你会发现自己已经得到了新的提升，寂寞的时候你或许是痛苦不堪的，但在寂寞中把自己开成花，你也就走进了春天。

　　曾宪梓生在广东梅县一个贫苦农民家庭，新中国成立后，他依靠助学金念完了中学和大学。1961年毕业于中山大学生物系。1968年，从泰国来到香港。初来香港时，他两手空空，处境艰难。为了生活，他甚至为人照看过孩子。在生活艰辛的逼迫下，他有了创业的念头。一开始，他和妻子两人只是用手工缝制低档的领带。尽管夫妻两人起早摸黑，干得很辛苦，收入还是非常微薄。深思熟虑之后，他决定改做高级领带。直到1970年，他的领带在香港已经很流行了。同年，他正式注册成立了"金利来（远东）有限公司"。第二年，他在九龙买了一块地皮，建起了一个粗具规模的领带生产厂。

　　这点小成就并不能让曾宪梓满足。他心中的目标是要创世界名牌。1974年，经济大萧条时，香港很多商品降价出售，金利来却反其道而行之。曾宪梓在不断改进"金利来"领带的质量的同时，特立独行地适当提高价格。出人意料的是，金利来的生意非常好。当经济萧条过后，"金利来"更是身价倍增，在香港领带行业独占鳌头。

"领带大王"曾宪梓不仅在事业上是成功的，而且作为一个中国人，他有一颗可贵的中国心。在香港创业不久，他就开始对家乡广东的教育事业及母校作出捐赠。到目前为止，曾宪梓先后捐助的项目超过800项，涉及教育、科技、医疗、公共设施、社会公益等方面，捐款总额超过上亿港元。

一个人从一无所有到功成名就的过程是漫长而寂寞的，只有能够经受这种煎熬，或许才能够真正地品尝到成功的乐趣。在通往成功的路上，寂寞正是凤凰涅槃般的煎熬和艰难困苦的考验。而正是在这种蜕变的过程中，我们才能获得重生。

事业如是，感情亦如是。佛曰，十年修得同船渡，百年修得共枕眠。若不是经历这刻骨铭心的煎熬和修炼，你就无法为感情画上圆满的句号。所以说人的情感经历中，需要寂寞，寂寞在唱歌，感情才能够得到升华。

"五·一"放假期间，彩云和老公趁着小长假去海边散心，他们每天晚上吃完饭都要带着儿子去海边走走。儿子贪玩，他们就耐心地坐在软软的沙滩上，一边看着高兴的儿子，一边聊一些趣事。老公偶尔会帮彩云理理被风吹乱的头发，并把薄薄的外套给彩云披上。虽然5月的天气不是很冷，但是海边的风却凉爽。爱人之间相互关心，一点微不足道的小细节，却让彩云的心里幸福极了。

彩云一直都坚信：两个人从陌生到相识，从相识到相知，从相知到相爱，到最后能够走到一起是缘分注定，这便是幸福。他们的婚姻让她感觉很满足，因为她是个知足的人：每天早上醒来，第一眼看到的便是身边的爱人和儿子，这个大孩子和小孩子给她带来了

一天的幸福和美好。想到这些，彩云心里就像阳光一样灿烂。尽管这些温暖在别人眼里不值一提，但这是婚姻最真实的写照。当家庭的琐碎取代海誓山盟时，当厨房的油烟味取代红玫瑰的芳香时，人们知道坚实的婚姻背后是忍耐和宽容、体谅和迁就，与自己一生相伴的人共同牵挂着彼此，共同分享着快乐。

其实，真正的幸福纯粹而简单，可能就是上班前爱人的一句叮咛，分开时亲友的一句问候，回家时的一份呵护，喝酒时的一句关心的抱怨。如果人们能在平平淡淡中固守着一份执着和坚贞，能在平平淡淡中体会幸福的滋味，那么，生活中的点点滴滴都是幸福。

# 向往天空的，都是寂寞的

人们经常把寂寞与孤独无助联系在一起，其实不然。经历寂寞洗涤的人如果不是被寂寞湮灭，而是不骄不躁地承受，迎来的必将是黎明的曙光。

树要成材，必然要经历风吹雨打。人也是一样，如果没有经历沉淀，怎么可能得到人生的升华？不要幻想追梦之路上没有坎坷，没有一个人会一帆风顺。于丹在讲《庄子心得》时曾经说过："冠军永远跑在掌声之前。"不错，作为赢家，作为冠军，在他成功之前没有人知道他的与众不同。与其说他跑在竞赛的跑道上，不如说他跑在我们无法体会的无边寂寞里。

李安 26 岁时决定去美国电影学院学习，但是父亲坚决反对这件事，并对他说，纽约百老汇每年有几万人去争几个角色，电影这条路根本行不通。他却丝毫未动摇，义无反顾地漂洋过海去了美国。离开时，他只是一个羞涩、腼腆的青年，而如今呢？

作为一个男人，在毕业后的整整六年时间里，他不但没有工作，反而待在家里做饭带小孩。为此，他的岳父岳母委婉地对自己的女儿说："整天无所事事，我们不如资助你丈夫一笔钱，让他开个餐馆。"他自知如果一直这样拖下去，最终将一事无成，但也不愿拿别人的钱来开展自己的事业。于是，他决定去社区大学上计算机课，争取找一份安稳的工作。他怕妻子知道这件事，一个人悄悄地去社区大学报名。一天下午，他的妻子在收拾衣物时，无意间发现了他的计算机课程表。她并不为此高兴，反而顺手把这个课程表撕掉了，并对他说："你一定要坚持你的理想。"

有这样一位明事理的妻子，李安感到十分高兴，因此他放弃了学习计算机。

六年后，当李安带着自己第一部独立执导的电影《推手》闯进人们的视野时，人们看到的不是初出茅庐的青涩，而是《推手》中稳健而独立的关于中西文化碰撞的观点。这就是获得奥斯卡最佳导演奖的华人李安。

每个人的生命都是有限的，但如果耐得住寂寞，生命的精彩却是无限的。

作家刘墉说过这样的话："年轻人要过一段'潜水艇'似的生活，先短暂隐形，找寻目标，积蓄能量，日后方能毫无所惧，成功地'浮出水面'。"而这里所讲的短暂隐形无非就是在寂寞中让自己得到沉淀，在寂寞中寻找目标，然后沉淀出属于自己的能量，最终实现自己的目标。当然，"成功的辉煌就隐藏于寂寞的背后，寂寞就

是迎接成功到来的前夜"。如果,你想要拥有成功的辉煌,那么你就应该知道怎样来度过属于自己的寂寞时光。成就一番大事业的人说:"只有耐得住寂寞,潜心苦练,才能达到最后的目标。"也就是说,当你学会了忍耐寂寞,那么你才可能实现自己的最终目标。

## 寒梅独自开,自有暗香来

　　寂寞的时候需要的是冷静,不要因为暂时的寂寞而让自己变得焦虑不安,要知道这个时候的寂寞是最有价值的。如果能够正确地认识自己的内心世界,那么最终就会发现,其实自己能够拥有很多。

　　从另一个角度来说,寂寞是一个人通往心灵的唯一途径,也是一个人自我了解的唯一方法。尤其在中国古代的文坛上,一群寂寞中绽放的精英们,点缀着漫长的文学史。他们无不像傲雪盛开的寒梅一样。在他们身上,人们看到的是"达则兼济天下,穷则独善其身"的人生哲学。不过有时,他们不能"兼济天下",所以只能"独善其身",因而,这种孤寂又是被动的。

　　屈原的一生都是孤独的,他的孤独是命运赐予的,可以说他无从选择,更没有主动的选择。正因"世溷浊而莫吾知兮",所以只能"吾方高驰而不顾";正因"燕雀乌鹊,巢堂坛兮",所以只能"鸾鸟凤凰,日以远兮"。我们的大诗人并非心甘情愿地独善其身,他一心所想的是报效楚国,清君侧,虽"贴余生而危死兮,览余初其犹未悔"。然而正是这种孤寂造就了我们这位伟大的爱国诗人；正是因为这份孤独，才会有《离骚》的诞生。试想，要不是屈原悲剧的孤寂，我们何以阅读到如此前无古人、后无来者的绝美诗文。没有这旷世的孤寂，中国的文学史将是黯淡无光的。屈原在他旷世的孤独中，向后人展示了他的独特魅力。

当历史的车轮滚滚驶入东汉末期，那时候群雄割据，战乱连连，整个社会"礼崩乐坏"。有识之士，没有用武之地。阮籍少年时胸怀"济世志"，而在当时的境况下，却无法施展抱负。后人在《世说新语》中说他"未尝评论时事，臧否人物"，经常独自驾车出行，行到无路可走时，大哭而返。这就是所谓的"阮籍猖狂，岂效穷途之哭"，或箕坐啸咏，旁若无人。其实，他做着常人无法理解的事情，正说明了他内心强烈的孤独与痛苦。正如贝母最终将一粒沙子凝聚成珍珠一样，阮籍把他绝世的孤独凝成了《咏怀》诗八十余篇。诗歌记录下了一位身处乱世不被理解与重用的孤独者的心路历程。比如"夜中不能寐，起坐弹鸣琴。徘徊将何见，忧思独伤心"，又如"独坐空堂上，谁可与欢者。出门临永路，不见行车马。登高望九州，悠悠分旷野"，无不向世人展示了诗人孤苦的心境。

这也是一种众人皆醉我独醒的孤寂，他们是乱世中文坛上独自绽放的梅花。他们向世上后来人展示了寂寞之美，那缕缕暗香亘古不灭。在历史中，分分合合的格局无疑会造成很多人的寂寞和孤独，这种孤独是旷世的。

很多时候，人是需要与寂寞相伴。就像一朵寒梅，只有忍受了冬天的寂寞，才能换来与众不同。寒梅独自开，是何等的意境？如果你拥有了梅一样的精神，那么你也就能够得到别人的尊重和欣赏，不管是在工作中还是在家庭生活中，保持这种情怀往往是有好处的。

# 宁受一时之寂寞，毋取万古之凄凉

滚滚红尘中，谁能耐得住寂寞，淡看风花雪月事？达人当观物外之物，思身后之身。宁受一时之寂寞，毋取万古之凄凉！

一个能够坚守道德准则的人，也许会寂寞一时；一个依附权贵的人，却会有永远的孤独。心胸豁达宽广的人，考虑到死后的千古名誉，所以宁可坚守道德准则而忍受一时的寂寞，也绝不会因依附权贵而遭受万世的凄凉。

西汉杨雄世代以农桑为业，家产不过十金，"乏无儋石之储"，却能淡然处之。他口吃不能疾言，却好学深思，"博览无所不见"，尤好圣哲之书。杨雄不汲汲于富贵，不戚戚于贫贱，"不修廉隅以徼名当世"。

40多岁时，杨雄游学京师。大司马车骑将军王音"奇其文雅"，召为门下史。后来，杨雄被荐为待诏，以奏《羽猎赋》合成帝旨意，除为郎，给事黄门，与王莽、刘歆并立。哀帝时，董贤受宠，攀附他的人有的做了二千石的大官。杨雄当时正在草拟《太玄》，泊如自守，不趋炎附势。有人嘲笑他，"得遭明盛之世，处不讳之朝"，竟然不能"画一奇，出一策"，以取悦于人主，反而著《太玄》，使自己位不过侍郎，"擢才给事黄门"，何必这样呢？杨雄闻言，著《解嘲》一文，认为"位极者宗危，自守者身全"，表明自己甘心"知玄知默，守道之极；爱清爱静，游神之廷；惟寂惟寞，守德之宅"，决不追逐势利。

王莽代汉后，刘歆为上公，不少谈说之士用符命来称颂王莽的功德，也因此授官封爵。杨雄不为禄位所动，依旧校书于天禄阁。王莽本以符命自立，即位后，他则要"绝其原以神前事"。可是甄丰的儿子甄寻、刘歆的儿子刘棻不明就里，继续作符命以献。王莽大怒，诛杀了甄丰父子，将刘棻发配到边远地方，受牵连的人，一律收捕，无须奏请。刘棻曾向杨雄学作奇字，杨雄不知道他献符命之事。案发后，他担心不能幸免，身受凌辱，就从天禄阁上跳下，幸好未摔死。后以不知情，"有诏勿问"。

道德这个词看起来有点高不可攀，但仔细回味，却如吃饭穿衣，真切自然，它是人人所恪守的行为准则。在中国历史的发展过程中，才人辈出，却大浪淘沙，说到底，归于文格、人格之高低。真正有骨气的人，恪守道德，甘于清贫，尽管贫穷潦倒，寂寞一时，终受人赞颂。

不少现代人畏惧寂寞，其实，它可使浅薄的人浮躁，使空虚的人孤苦，也可使睿智的人深沉，使淡泊的人从容。

北宋文豪苏轼因"乌台诗案"被贬至黄州为团练副史四年后，写下一篇短文：

"元丰六年十月十二日，夜，解衣欲睡，月色入户，欣然起行。念无与为乐者，遂至承天寺，寻张怀民。怀民亦未寝，相与步于庭中，庭下如积水空明，水中藻荇交横，盖竹、柏影也。何夜无月？何处无竹柏？但少闲人如吾两者耳。"

透过寂寞，我们品咂出几分潇洒、几分自如。

古今中外，智者们往往独守这份寂寞，因为他们深知，最好的往往是最寂寞的，一个人要想成功，必须能够承受寂寞。

其实，寂寞是一种难得的感觉，在感到寂寞时轻轻地合上门和窗，隔去外面喧闹的世界，默默地坐在书架前，用粗糙的手掌拂去书本上的灰尘，翻着书页，立刻又触到了久违的纸墨清香。

# 4

# 人生至境乃不争，无欲自然心似水

无所谓的事情看淡了，就会简单；不必要的情看淡了，就会释怀；是是非非看淡了，计较就会少些；成败得失看淡了，顺心自然；功名利禄看淡了，自在坦然。生活如何要看我们有怎样的心态，活着就应该快乐。走过，经过，尝过，还是平淡最美；听过，看过，想过，还是简单最好。"机关算尽太聪明，反误了卿卿性命"，这也许不只是王熙凤一个人的命运。人生在世，不算不行，算太多了更不行。站在大地上，就要和大地学厚道。

# 即便不与人争，也会有属于你的世界

人生于世，若是能够学会不争，懂得以退为进，就会得到一个更广阔的空间。

清朝末年，江南有一富豪，风流成性，妻妾成群，为他生了一大堆儿子。

数十年一晃而过，眼看自己一天比一天老去，富豪便开始思索为自己挑选一位继承人，以不使家业败落。可是，这么一大帮儿子，管家的钥匙到底该交给谁呢？老富豪为此大伤脑筋。

众儿子也知道老爷子时日不多了，为了能执掌家业，便开始明争暗斗，你争我夺起来，那情形丝毫不逊于康熙末年的"九王夺嫡"。

在此其中，只有一个儿子从未参与争夺。他只是默默站在老爷子身旁，竭尽所能地帮老爷子办事。眼看着儿子们的争斗，老富翁终于想明白了，这把管家的钥匙交给争吵中的任何一个儿子，都会使家道败落。最后，他将所有家业都托付给了那个不争的儿子。

曾有人以诗描绘农家插秧时的情景："手把青秧插满田，低头便见水中天；身心清净方为道，退步原来是向前。"剖其深意，这俨然是作者对"以退为进"这一人生策略的妙笔诠释。

生活中，很多人为了追逐功名利禄，不惜代价、不顾一切地向前争取，却不知，有时前面等待你的往往是一堵墙，撞上去就会伤筋动骨；有时前面等待你的就是一个陷阱，跌下去就会万劫不复！

　　当然，假如是重大或重要的是非问题，自然应当不失原则地争出个青红皂白，甚至可以为追求真理而献身。但在日常生活中，若是因一些鸡毛小事而争得面红耳赤，非要决一雌雄才肯罢休，甚至大打出手闹个不欢而散，岂不是很让人瞧不顺眼？时下流行一句话，叫作"玩深沉"，其实面对这种情况，"玩点深沉"正显示了你宽宏大量的风度。

　　麦金利任美国总统时，任命某人为税务主任，但为许多政客所反对，他们派遣代表进谒总统，要求总统说出派那个人为税务主任的理由。为首的是一位国会议员，他身材矮小，脾气暴躁，说话粗声恶气，开口就给总统一顿难堪的讥骂。如果换成别人，也许早已气得暴跳如雷，但是麦金利却视若无睹，不吭一声，任凭他骂得声嘶力竭，然后才用极温和的口气说："你的怒气应该可以平和了吧？照理你是没有权力这样责骂我的，但是，现在我仍愿详细解释给你听。"

　　这几句话把那位议员说得羞惭万分，但是总统不等他道歉，便和颜悦色地说："其实我也不能怪你。因为我想任何不明就里的人，都会大怒若狂。"接着他把任命理由解释清楚了。

　　不等麦金利总统解释完，那位议员已被他的大度所折服。他懊悔不该用这样恶劣的态度责备一位和善的总统，他满脑子都在想自己的错。因此，当他回去报告抗议的经过时，他只摇摇头说："我记不清总统的解释，但有一点可以报告，那就是——总统并没有错。"

　　无疑，在这次交锋中，麦金利占了上风。为什么他能占上风？就是因为他的宽宏大量。做人首先是要有一颗博大的心，这颗心的格局要大。心的格局有多大，人生的成就才有多大。不是有"海纳

百川,有容乃大"这句话吗?这句话被许多人看成自己做人的准则,麦金利就是其中之一。

老子曾经说过:"夫唯不争,故天下莫能与之争。"只要有一种看透一切的格局,就能做到豁达大度。把一切都看作"没什么",才能在慌乱时,从容自如;忧愁时,增添几许欢乐;艰难时,顽强拼搏;得意时,言行如常;胜利时,不醉不昏。只有如此放得开的人,才是豁达大度之人。

不管什么是非都去计较的话,你哪还有时间去享受生活?在我们生活的社会里,许多事情,尤其是小事情,如果看开一些,自己的心胸就宽大了。

## 你只是输给了自己的不妥协

很多人将妥协、退让视为懦弱的表现,自认为针锋相对、寸土必争才是"好汉子"、"真英雄"。很明显,这类人的人生修为尚浅,做人的深度不足。其实很多时候,"退一步"并不意味着放弃努力和宣布失败,一些积极意义上的妥协是为了伺机行事,出奇制胜,是退一步而进两步。

我们先来看看下面这两则故事。

他是一家化妆品公司的推销员,他的公司几次想与另一家化妆品公司合作,但都未如愿。经过他的不懈努力,对方终于答应与他的公司合作！不过有一个要求：要在其化妆品广告词中加上该公司的名字。

他的老总不同意，认为这是在花钱替别人做广告，协商又陷入僵局，合作公司限他们在两天之内给予答复。

他得知这个消息，直接找到老总，劝老总赶紧答应，否则一定会错失良机。老总不乐意："我坚决不妥协，他们这是以强欺弱。"

他认为把产品和一个著名的品牌捆绑在一起是有利的，经过他的一再努力，老总终于同意了合作条件。事情像他预料的一样，公司的生意蒸蒸日上，销售额直线上升，他也因此被提升为业务总经理。

她拥有一家三星级宾馆，经朋友介绍，她认识了一位名气很大的导演，导演准备在她的宾馆开一个新闻发布会。

她爽快地同意了，可在租金上却不能与对方达成协议。她要价4万，导演只答应出2万，双方争执不下。朋友劝她："你怎么这么傻，你只看到了2万，2万背后的钱可不止这个数，他们都是名人，平时请都请不来。"

她还是不妥协，坚持要4万，还对朋友说："你看你介绍的人，这么苛刻。"朋友生气："我没有你这个目光如豆的朋友。"说完，朋友抛开她，自己走了。

她旁边一家四星级宾馆的总经理听到这个消息，及时找到导演，说他愿意把宾馆大厅租给导演，而且要价不超过1.5万元。

于是，导演便租了这家四星级宾馆。开新闻发布会那几天除了许多记者、演员外，还有不少慕名而来的影迷，十几层的大楼无一空室。而且因为明星的光临，这家四星级宾馆名声大噪。

她看到这一幕后，后悔得不得了，但一切都晚了，她只能谴责自己目光短浅。

故事中的两个人谁更聪明，谁才是强者，应该不用再多说了吧？从这两则故事中，我们不难看出一个事实：妥协有时就是通往成功的必要条件，就是在冷静中窥视时机，然后准确出击；这种妥协应是以退让开始，以胜利告终。

妥协无疑是一种睿智，是我们处世的一项必要手段，它对于我们的人生起着微妙的作用，甚至可以改变人的一生。人间世情变化不定，人生之路曲折艰难，充满坎坷。在人生之路走不通的地方，要知道退让一步、让人先行的道理；在走得过去的地方，也一定要给予人家三分的便利，这样才能逢凶化吉，一帆风顺。

中国有句格言："忍一时风平浪静，退一步海阔天空。"不少人将它抄下来贴在墙上，奉为处世的座右铭。这句话与当今商品经济下的竞争观念似乎不大合拍。事实上，"争"与"让"并非总是不相容，反倒经常互补。在生意场上也好，在外交场合也好，在个人之间、集团之间，也不是一个劲"争"到底，退让、妥协、牺牲有时也很有必要。而为个人修养和处世之道，让则不仅是一种美好的德性，而且也是一种宝贵的智慧。

## 富贵浮华眼前过，何必执着，何必不舍

自然界的沧桑陵谷、沧海桑田，万物的生老病死，冥冥中自有注定，一切尽在生往异灭之中。你看那果子似未动，实则时刻皆在

腐朽之中。纵使是人类赖以生存的地球，再历亿万年之久，也终将毁灭。名利，地位，金钱，莫不如是。既然如此，我们又何必为物欲所累，惶惶不可终日呢？须知，纵使金银砌满楼，死去何曾带一文？

有这样一个传说，很早以前有一位国王，名叫难陀。他非常贪心，拼命聚敛财宝，希望把财宝带到他的后世去。他心想："我要把全国的珍宝都收集起来，一点都不留。"因为贪婪，他把自己的女儿放在淫楼上，吩咐奴仆说："如果有人带着财宝来求我的女儿，把这个人连他的财宝一起送到我这儿来！"他用这样的办法聚敛财宝，全国没有一个地方会留有宝物，所有的财宝都进了国王的仓库。

那时有一个寡妇，她只有一个儿子，心中很是疼爱。他看见国王的女儿姿态优美，容貌俏丽，很是动心。可他家里穷，没法结交国王的女儿。不久，他生起病来，身体瘦弱，气息奄奄。他母亲问他："你害了什么病，病成这样？"

儿子把实情告知于母亲："如果不能和国王的女儿交往，我必死无疑。"

"但国内所有的财宝都被国王收去了，到哪儿弄钱呢？"母亲又想了一阵，说道："你父亲死时，口中含了一枚金币，如果把坟墓挖开，可以得到那枚金币，你用它去结交国王的女儿吧。"

儿子依母亲所言，挖开父亲的坟墓，从口中取出金币。随后，他来到国王女儿那里。于是，他连同那枚金币被送去见国王。国王问道："国内所有的财宝，都在我的仓库，你从哪里得来这枚金币？一定是发现地下宝藏了吧！"

国王用尽种种刑具，拷问寡妇的儿子，想问出金币的来处。寡妇的儿子辩解说："我真没有发现地下宝藏。母亲告诉我，先父死时，放过一枚金币在口中，我就去挖开坟墓，取出了这枚金币。"

于是，国王派人去检验真假。使者前去，发现果有其事。国王听到使者的报告，心想："我先前聚集这么多宝物，想把它们带到后世。可那个死人却连一枚金币也带不走，我要这些珍宝又有何用？"

从此，国王不再敛财，一心教化民众，他的国家也因此日渐兴盛。

虽是传说，但道理很透彻。为人，应淡看富与贵。要知道，有所求的乐，如腰缠万贯乃至一国之尊的富贵，是混沌和短暂的；无所求的乐，即"身心自由无欲求"的富贵心态，才是一种纯粹和永恒的乐。人生中真正有价值的，是拥有一颗开放的心，有勇气从不同的角度衡量自己的生活。那样，生命才会不断更新，每一天都会充满惊喜。

有这样一个企业家，他为了让自己那整日精神不振的孩子懂得知福、惜福，便将其送到当地最贫穷的村落住了一个月。一个月后，孩子精神饱满地回来，脸上并没有带着被"下放"的不悦，这让企业家感到很是不可思议。

他想知道孩子有何领悟，便问儿子："怎么样？现在你应该知道，不是每个人都能像我们过得这样好吧？"

儿子说："不，他们的日子比我们好。我们晚上只有电灯，而他们有满天星星；我们必须花钱才能买到食物，而他们吃的是自己栽种的免费粮食；我们只有一个小花园，可对他们来说，山间到处都是花园；我们听到的是城市里的噪声，他们听到的却是大自然的天籁之音；我们工作时精神紧绷，他们一边工作一边哼着歌；我们要管理佣人、管理员工，有操不完的心，他们只要管好自己；我们要关在房子里吹冷气，他们却能在树下乘凉；我们担心有人来偷钱，他们没什么好担心的；我们老是嫌饭菜不好吃，他们有东西吃就很开心；我们常常无故失眠，他们每夜都睡得很香……"

人生的价值究竟应怎样诠释？每个人心中都有一个答案。但事实上，金钱绝不是衡量人生的标准，为金钱而活只是愚人的行径，智者追求的财富除了金钱以外，还会包括健康、青春、智慧……

物质上的富有只是一种狭隘、虚浮的富有，而心灵上的富足才是真正的富有。人生的真正价值应在于，你能否利用有限的精力，为这世界创造无限的价值。一如露珠，若在阳光下蒸发，它只能成为水汽；若能滋润其他生命，它的价值就得到了升华，这才是真正的价值所在。

## 财富亦会带来烦恼

有一位叫埃文斯的作家曾思考过财富带给自己的烦恼。之前他买了一片小树林，然而时间一久，问题出现了：财富影响了他的生活。他需要改变这种状况，他开始思考，结果发现：

（1）小树林在他心里经常沉甸甸的。它给了他权威，却拿走了欢乐。因为这笔财产给他带来了麻烦和不便，就好比家具需要除尘，除尘器又需要佣人，佣人又需要"保险印花"。这些事情让他在准备赴宴或者到河里游泳之前，左思右想，不能决定去还是不去，原本的好心情随之荡然无存。

（2）他觉得小树林应该再大一些，好容纳快乐高飞的小鸟。可他没有能力买下邻居所拥有的林边田野，也不愿谋财害命。这种种

限制使他心烦意乱。

（3）财产使拥有者感到应该用它做一些事情，比如砍倒树木或在树缝中栽上新树。这些奇怪的想法很折磨人，使他无法享受小树林的趣味。

（4）常有经过的人采挖林中的黑刺莓、毛地黄和蘑菇。他感慨："上帝啊，我的小树林到底属于不属于我？如果它属于我，我能阻止别人在那儿散步吗？"

他最后写道：可能最终我会像某些人一样，用墙将林子围起来，用栅栏把众人挡开，直到我能真正享用小树林。而那样的话，这些都可能是我会有的特点：身体肥胖、贪得无厌、貌似强大而自私透顶——我也会整夜"求一合眼不得"！

这就是财富对于人性可能产生的影响，就如华智仁波切所说的那样："有一根茶叶，就会有一根茶叶的痛苦；有一匹马，就会有一匹马的痛苦。"有钱固然是好，但是大量的财富却是桎梏。如果你认为金钱是万能的，你很快就会发现自己已经陷入痛苦之中。

当然，我们也不能把所有的罪恶和痛苦都归罪于金钱。客观地说，钱这东西，它既不是善也不是恶，既不是美也不是丑，它的确会给人们带来痛苦，但也不能因此就全盘否定它所带来的快乐，关键要看人们怎样去看待它。遗憾的是，在这个时代，大多数人并不能以平常心去对待金钱。钱这东西，原本就只是生活中的一件工具而已！可是今时今日，人们却让它"咸鱼翻了身"，让它掌握了主动权，让它改变了选择，甚至改变了人生。

如今，坊间流传着一句话："钱不是万能的，但没钱是万万不能的！"我们看看，这句话的前半句只用了一个"万"字，后半句却是一个叠词"万万"，足以见得"钱"在人们心中的分量有多重。更可悲的是，若照此发展下去，恐怕我们亦要将前半句中的那个"不"

字抹去了！如小仲马在《茶花女》中说的那样："钱财是好奴仆、坏主人。"如果把金钱视为奴仆，有也可以、没有亦可，多也可以、少也可以，人就会活得非常轻松自在；可是，如果被金钱所奴役，明明已经衣食无忧，却仍不知满足、欲壑难填，就永远也得不到满足的快乐。

其实钱这个东西，只有在使用时才会产生它的价值，假如放着不用，它就根本毫无意义可言。如果看不明白这一点，一股脑儿地钻进钱眼里，那就等于把自己的人生卖给了金钱，从此一切以它马首是瞻，其他尽可抛弃，那么到了最后，我们或许就要抱着钞票孤独终老了。

对于真正享受生活的人来说，任何不需要的东西都是多余的，他们不会让自己去背负这样一个沉重的包袱。而我们，如果想要活得健康一点儿、自在一点儿，任何多余的东西也都必须舍弃。金钱对某些人来说，可能很重要，但对于懂得生活的人来说，一点也不重要，因为它不可能买到世间的一切。

## 若可清贫自乐，不作浊富多忧

生命的悲哀不在于贫穷，而在于贫穷时所表露的卑微，在于因为物质而变得无知，从而失去存在的价值感和方向感。所以，我们要随时检点自己的心灵，找到灵魂深处的闪光之处，别让它的灵光

为物质所蒙蔽。

据《扬子晚报》报道，江苏宿迁一位李姓男士花2元钱买福利彩票，中了1254万元的大奖。因为过度紧张，他竟三天三夜不吃不喝不眠，还吓得去医院输了三天液。领奖时，他浑身颤抖，藏有中奖彩票的塑料袋密封条居然多次无法打开，甚至无法在完税单上签自己的名字。

当意外之财到来时，他欣喜之余有了更多的担忧，彩票不计名、不挂失，存放彩票就成了大问题。彩票被他先后藏在家中的鞋柜、橱柜、冰箱、抽屉、衣柜、书橱等地，而且不停地变换。这位先生到了南京住进宾馆以后，如何保管彩票又让他烦恼无比，于是出现了让人无法理解的一幕：他去钟表店买了10个密封钟表零件的防水塑料袋，给中奖彩票穿上了6层"保护衣"，确认完全防水以后，将彩票放进了抽水马桶里面，还每隔10分钟再去查看一次彩票的安全。直到领奖时，他还是不放心，对工作人员说："你们一定要保密啊，一定要保证我的安全！"

买彩票中奖的概率本来就低，而中1254万元的大奖更是微乎其微。这位先生本来就不是一个富有的人，财富来得太突然，不仅没有带来欣喜，反而成为精神上的巨大负担。

中奖后的李先生几乎疯掉，这"天大的惊喜"他也不敢告诉妻子，"因为她有心脏病，怕太激动会出事"。有了自己的"深刻教训"，李先生说自己先告诉妻子中了50万元，让她高兴一阵子后，再交出50万元，直到她完全接受中大奖的事实。

财富这东西需要有，但不能为之癫狂，金钱面前要保持一种淡定的姿态。你淡定了，就不会为它左右，做出种种滑稽甚至是糊涂的事来。

的确，要冷静而坦然地面对身边的名利确实很难，一般人都无法在心理上达到平衡。其实，平淡、清贫不存在真正意义上的缺失和悬殊。在俄国诗人涅克拉索夫的长诗《在俄罗斯，谁能幸福和快乐》中，诗人找遍俄罗斯，最终找到的快乐人竟是枕锄瞌睡的普通农夫。是的，这位农夫有强壮的身体，能吃、能喝、能睡，从他打瞌睡的倦态以及打呼噜的声音中，流露出由衷的开心和自在。这位农夫为什么能如此开心？因为他不为金钱所累，把生活的标准定得很低。可见，"一个人快乐与否，绝不依据获得了或是丧失了什么，而只能在于自身感觉怎样"。

有些时候，财富来得太容易、太快，的确会令我们在思想上准备不足，导致我们背上沉重的负担，甚至像范进中举一样一下子就癫了，这种情况下，幸福是遥不可及的。

所以说，人应该更多地去追求内在以及精神上的东西，在精神上多丰富内心的生活，这才是幸福的源泉。外在的东西可能是构成幸福的某种条件，但也仅仅是条件而已，它可以对幸福有所帮助，但必须通过精神幸福才能转变。那么，又何必把物质看得太重？这不是本末倒置吗？

## 托钵僧之心始可贵

真正决定一个人高贵与否的，不是他的身份和地位，而是在他的胸腔里跳动的是怎样的心。

人最大的愚昧和悲哀，莫过于在自己营造的文明中迷失而不自知。

贫与富，并不仅仅由物质来衡定，而是取决于心。物质之富，有时人力实在不能左右，但至少可以守住心中的一份傲然与清朗。

中国台湾著名男演员、剧作家、导演金士杰早年带领一群热爱戏剧的演员刚创办兰陵剧团时可谓一穷二白。1979年，在舞台剧几乎处于荒漠的台湾，兰陵剧团出现了。金士杰和团里的所有演员都是白天做苦力，晚上排练创作，零酬劳演出。这个剧团的成立没花什么钱，但也没赚一分钱。于是就有朋友关心金士杰怎么生存：你总有三餐不继的时候，总有付房租的时候，那时你怎么对付？

金士杰的生存方式很独特。

金士杰有个朋友家境很好。有次金士杰去她家里做客，吃饭时，他吃着吃着就感叹起来："桌上菜这么多，都很好吃。你们平常都这样吃吗？每次吃不完怎么办？"朋友答："还能怎么办呢，该倒就倒掉。"

金士杰顿时两眼放光："那让我来替你们做一个义务的食客怎么样？"朋友拍掌说："很好，欢迎欢迎！"

金士杰却一本正经地说："你先别着急欢迎。我们先把条件说清楚：第一，我不定时来，但我来之前会先打电话问清楚你家有没有剩饭、方不方便，有且方便的话，我就来；第二，我来只吃剩饭，等你们家人全部吃饱撤了，确定摆的都是剩饭剩菜我才开吃，而且，不可以因为我来就故意加一个菜，那样就算犯规；第三，我吃剩菜剩饭的时候旁边不可以站着人，因为他（她）一旦和我打招呼，我就得很客气地回应，这样客套来客套去我就没办法当专业食客了；第四，吃完之后我要很干净利落地走，不可以有人跟我说再见，如果非得这样客套的话，我心里就会有负担，那样下次我就不来了。

总之一句话：我要完全没有负担地当一名剩菜剩饭的食客。"

朋友听完他的话觉得很逗，当场就答应了所有条件。此后，金士杰果真好几次去朋友家当食客，吃得非常开心。他还幻想着：我要有30个这样的朋友，一个月就能过得蛮富足。

抱着这样的心态过苦日子，金士杰带领剧团一路坚持下来。第一次演出，他们还是没有钱。离他们不远的地方有个大礼堂搁置着没用，他们就把那里打扫出来当舞台；没服装，他们就各自掏腰包买一套功夫裤穿在身上；没灯光，他们就各自从家里搬来一两个打麻将用的麻将灯，再加长电线，往插板上一插，灯就亮了；没东西化妆，他们就素颜上场；没有人宣传，他们就自己拿来纸笔，涂涂画画，一张大海报就贴到了台湾师范大学的门口。

一切准备就绪。演出那天，观众席只坐了二三十人，人不多，但大部分人都是台北文化界的精英。他们看完演出之后对金士杰这样说："台北市等你们这群人等了很久了，你们终于来了。你们要演下去，拜托你们一定要演下去！"

金士杰带领大家照做了。历经一年多的非正式演出，兰陵剧团终于走上正式的舞台。1980年，金士杰编导的《荷珠新配》参加了台湾第一届"实验剧展"，首演一炮而红。一时间，兰陵剧团声名大噪，金士杰也一跃成为台湾现代剧场的领军人物之一。

多年之后金士杰将当年自己当"专业食客"的事情说给一堆人听。说完之后他感慨："我说这些事，除了好玩，除了说明我的脸皮厚以外，还有个很重要的原因。我觉得，我们的这种穷完全不需要自卑，不需要脸红，因为我深深知道我们在做什么——我们把我们的头脑、智慧、创作拿出来献给社会，以至于我们没有工夫赚钱。我们是在做很重要的事情，所以，从某种意义上来说，我们这个穷不是穷，而是富，不是缺，而是足。"

人,应该平静地面对生活给予的一切,不要让欲望这个没有止境的黑洞来洞穿心灵。因为一旦心灵上有了缺口,那么冷风就会肆无忌惮地在其中来回穿行,让人终生失去温暖,变得孤单而寒冷。

有高贵的心,就算身陷淤泥之中,也能开出不染的莲花。古人说"托钵僧之心始可贵",包含着对人性终极意义的深刻领悟。那些说"斯是陋室,惟吾德馨"的人,必是高贵只人,他们虽然贫寒,匮乏,却活得坦然、从容,人穷而德馨。

也许,要做到这一点很不容易,一般人都无法坦然面对穷富,无法在心理上达到平衡。其实,对一个人来说,最重要的是心灵上的富足与高贵。

# 以无所谓的态度,过随心所欲的生活

1980年,美国《新难民法案》通过。纽约水牛城收容所里的512名难民因此成为了美国合法公民。

25年过去了,法学博士霍华德·休斯对512人进行了细致的调查。他发现,这群人经过自己的努力,将近一半的人成为了美国的中产阶级。但是他们普遍感到并不幸福,有的人从来没有感到过快乐。调查中,一位在迈阿密的水产商由开始的一间店铺发展到了连锁店。为了与对手竞争,20年来,他没有休息过一天,更没有一次外出度假。

　　有些人总是认为必须有钱才能享受生活，事实上享受生活只和你的心态有关，和你的金钱并没有太大的关系。

　　海边小镇有这样一家人，女人长得毫无姿色可言，甚至可以称之为丑，但脸上却始终挂着开心的笑。清晨，天还没亮，她就抱着孩子和男人出去接菜、卖菜。黄昏时，她坐在男人推着的木推车上。

　　她的怀里不是搂着她的儿子，就是破箱子、水桶、饼干盒……那男人龇牙咧嘴地推着车子，黄褐色的头发湿淋淋地贴在尖尖的头颅上，打着赤膊，夕阳下的皮肤红得发亮，半长不短的裤子松垮垮地吊在屁股上。胖女人常常优哉游哉地吃着雪糕！在她那铁棍似的又黑又亮且结实的手臂里的小男孩时不时把母亲的雪糕抓过去咬一口，母子俩在木推车上争着吃。女人脸上尽是笑，笑得眼睛更小、鼻更塌、嘴巴更大。

　　有时她的脸可能搽了粉，黑不黑，白不白，有点灰，有点青，粗硬的卷发老让风吹得在头顶纠成一团，而后面那瘦男人就看得那么开心，天天推着木推车，车上的胖女人天天坐在那儿又吃又喝。有一次不知怎的，木推车不听话地直往桥脚下一棵树冲去，男人直着脖子拼命拉，木推车还是往树上撞去，女人手中的雪糕撒了她跟小男孩一头一脸。男人望着车上的母子俩大笑不止，女人一边抹去脸上的雪糕，一边咒骂，一边跟着笑，笑得夕阳红了脸，笑得路人弯了腰。

　　唉，管什么男的讲风度，女的讲气质，什么人生的理想、生活的目标，什么经济不景气，一家三口，每天快快乐乐地出去卖菜，每天快快乐乐地捡点破烂，然后跟着夕阳回家，这就是他们的快乐生活。

　　丑成那样，穷成那样，又有什么关系呢？人生无须所求太多，口袋里的票子够花就行，家里的房子温馨就行。追求太高，欲望太高，往往就像打肿脸充胖子，表面看着风光无限，却丢了快乐、幸福和自由。

# 5

# 沏一壶茶,闲敲棋子看落花

多少人都知道"滚滚长江东逝水,浪花淘尽英雄",多少人亦知道"是非成败转头空,江山依旧在,几度夕阳红",然而,终究又有多少人能够看得从容?智者,沏一壶淡淡之茶,观一段沧海桑田,舞一回尘世精彩,闲敲棋子看落花,花落心不惊……这个世界上,最不开心的就是那些懂得太多和想得太多的人。

## 人心得静，清若碧潭净如泉

世间万物皆有心。天有天心，天心静，则万籁俱寂，幽然而静美；人有人心，人心静，则清若碧潭，净如清泉……须知，身静乃是末，心静才是本。

只要我们能够静下心来，便可以聆听到外界的很多声音，一如风过竹林的簌簌声、雨打芭蕉的滴答声、窗外鸟叫虫鸣的啾啾声……人的心多在静时较为敏锐，由此，外面的境界亦历历可辨。倘若我们在静谧之中能够多用些心，智慧便会从中而生。

朋友在家中遗失了一只名贵手表，内心十分心急，遂请亲朋好友帮忙寻找。

于是，众人如"鬼子进村"一般，但凡家中的瓶瓶罐罐、箱箱柜柜都翻了个遍，但依旧毫无所获。最后，众人都累得气喘吁吁，只好稍作休息。朋友感到非常沮丧，这时他的一个表侄自告奋勇，要独自再去寻找。

他要求众人在房外等候，独自走进了房间，却坐在床上一动不动。

众人感到非常诧异：他不是要找手表吗，怎么一直不见他有所行动？所以大家也都静静地看着这个小伙子，想知道他葫芦里究竟卖的是什么药。

过了片刻，小伙子突然起身钻入床下，出来时手中拎着一只手表。

大家又喜又惊，纷纷问他："你怎么会知道手表在床下呢？"

小伙子莞尔一笑："当心静下来时，就可以听到手表的嘀嗒声，自然便知道它在哪儿了。"

心静，是人生的一种境界，亦是一种智慧、一种思考，更是人生成功的必要成本。若想做到心静，就必须具备一种豁达自信的素质，具备一份恬然和难得的悟性。印度著名诗人泰戈尔曾经说过："给鸟儿的翅膀缚上金子，它就再也不能直冲云霄了。"这个纷纷扰扰的大千世界处处充斥着诱惑，一个不留神，就会在我们心中激起波澜，致使原来纯净、澄清、宁静的心灵泛起喧哗和浮躁，我们就会在人生的道路上迷失方向。正所谓"心宁则智生，智生则事成"，平心静气，心无杂念才是我们成功的关键所在。

我们做人，唯有高树理想与追求，淡看名利与享受，才能身处浮华尘世而独守心灵的一方净土；才能坦对世间种种诱惑而心平如镜不泛一丝波澜。须知，唯有保持心的清静，才能书写一段精彩的人生。

# 非淡泊无以清心寡欲，非奢华无以花天酒地

岁月易老，人生若欲望太多，又怎能得快乐？生活中，若懂得一个"淡"字，自然会天高海阔。

"淡泊"源于道家思想,老子曾言:"恬淡为上,胜而不美。"后人对这种"心神恬适"的意境推崇备至,一如香山居士的"身心转恬泰,烟景弥淡泊",就是对"心无杂念、凝神安适、不拘得失"这种淡泊意念的诠释和传承。

"夫君子之行,静以修身,俭以养德。非淡泊无以明志,非宁静无以致远。夫学须静也,才须学也。非学无以广才,非志无以成学。淫漫则不能励精,险躁则不能治性。年与时驰,意与日去,遂成枯落,多不接世。悲守穷庐,将复何及!"千年之后我辈读起,仍有清新澄澈之感侵入心头,似一汪圣水在洗涤心灵。遥想孔明当年,必是在草庐之中久念此语,参悟着人生的真谛。

那时的孔明尚不得志,然不为志所屈,故隐于襄阳城西隆中山静待机缘。他依山结庐,潜心耕读,精研时势,广交名士。他读史于清风明月之中,对弈于竹林涧石之旁,不问名利,不求闻达,胸中旷世之才已在那青山绿水、一张一弛间浑然成就。

那一年,刘皇叔三顾茅庐,向孔明讨教匡汉之道。孔明有感于皇叔至诚,遂道出胸中浩瀚韬略,言若想一统寰宇,必先联吴抗曹,成天下三分之势,世称"隆中对"。从此,刘备的事业出现了转机。

也是那一年,孔明随皇叔而去,走时仍不忘叮嘱家人切勿荒废农事,此去若大业有成,届时再归于田园,享这恬适之乐。这一去,造就了"鞠躬尽瘁,死而后已"的一代名相。这一去,孔明再未回还,却留下了流芳千古的美名,以及那一句时时警示后人的"非淡泊无以明志,非宁静无以致远"。从此,"淡泊明志,宁静致远"便成了君子修身养性的一条准则。

综观古今圣贤,无不以"淡泊、宁静"为修身之道。在他们看来,做人,唯有心地干净,方可博古通今,学习圣贤的美德。若非如此,每见好的行为就偷偷地用来满足自己的私欲,听到一句好话就借以来掩盖自己的缺点，这种行为便成了向敌人资助武器和向盗贼赠送粮食了。

读书修学，在于安于贫寒心地安宁。美文佳作，却是人间真情。心地无瑕，犹如璞玉，不用雕琢，而性情如水，不用矫饰，却馥郁芬芳。读书寂寞，文章贫寒，不用人家夸赞溢美，却尽得天机妙味，体理自然。

由此可见，淡泊并非单纯地安贫乐道。淡泊实为一种傲岸，其间更是蕴藏着平和。为人若能淡看名利得失，摆脱世俗纷扰，则身无羁勒，心无尘渣，由此志向才能明确和坚定，不会被外物所扰。

宁静所求是心的洁净，其中禅意盎然。人心宁静，方不会流连于市井之中，不会被声色犬马扰乱心智。心中宁静，则智慧升华，人的灵魂亦会因智慧得到自由和永恒。

## 君子之心淡如水，不为物慌，不热不凉

人与欲望之间，是一场没有硝烟永不会结束的战争，不是人将欲望压制，就是欲望将人奴役。当欲望泛滥之时，即使那念头堂而皇之，也禁不住它将人拉入堕落的深渊。人过于贪婪，秉性就会变得懦弱，就有可能屈服于欲望，违心去做一些不该做的事情。

要避免出现这种受制于人的无奈，就需要我们把欲望克制在一个合理的尺度上，清心而寡欲，淡泊而守志，如此才能刚锋永在，

清节长存。

在电视剧《李卫当官》中就有这样一个情节。

康熙皇帝召见李卫,问他:"如果让你做县令治理一个贫困县,你能治理好吗?"

李卫回答:"能。"

康熙又问:"给你五十万两纹银,你能保证把它全部用在百姓身上吗?"

李卫还是回答:"能。"

康熙再问:"你凭什么认为自己能?"

李卫答道:"因为我根本就不想当官。"

李卫一句话道破了真机:无欲则刚。因为清心寡欲,没有私心,所以李卫不会中饱私囊,也不必拿银子为自己的仕途斡旋,所以他能够把银子全部用在百姓身上,所以他有这份自信,认定自己能当个好官。

《倩女幽魂》中也有一个类似的场景:

鬼想附体宁采臣身上,问他:"你有什么愿望,我可以满足你。"

宁采臣回答:"我什么愿望也没有。"

鬼又问他:"你不想发财吗?"

宁采臣答:"不想。"

鬼再问:"你不想出名吗?"

宁采臣答:"不想。"

鬼仍不甘心:"那你不喜欢美色吗?"

"不喜欢。"

我们看,什么欲望都没有,鬼拿人都没办法。所以孟子说:"养心莫善于寡欲。其为人也寡欲,虽有不存焉者,寡矣;其为人也多欲,虽有存焉者,寡矣。"这是在告诫我们要收敛自己日益膨胀的欲望，不然品性将会变质，即所求越多，所失越大。对此，郑板桥也有自己独到的见解，他说："海纳百川，有容乃大，壁立千仞，无欲则刚。"意思是说：大海之所以无限宽广，是因为它可以容纳众多河流，这里借指人心；千仞绝壁之所以能够巍然耸立，是因为它没有世俗的欲望，借喻人只有做到清心寡欲，才能达到"大义凛然（刚）"的境界。清末民族英雄林则徐在禁烟时，将其作为自己的座右铭，意在告诫自己：只有广纳人言，才能博取众长，把事情做得更好；只有杜绝私欲，才能如大山般刚正不阿，屹立于世。林则徐授命于民族危难之际，以此来警醒自己，他所倡导的这种精神着实令人敬佩，对于我们而言有着莫大的借鉴意义。

## 淡泊并非一无所有

一天晚上，智通和尚突然大叫："我大悟了！我大悟了！"

他这一叫惊醒了众多僧人，连禅师也被惊动了。众人一起来到智通的房间，禅师问："你悟到什么了？居然这个时候大声吵嚷，说来听听吧！"

众僧以为他悟到了高深的佛旨，没想到他却一本正经地说道："我日思夜想，终于悟出了——尼姑原来是女人做的。"

刚说完，众僧就哄堂大笑："这是什么大悟呀，我们大家都知道的呀！"

但是禅师却惊异地看着智通,说:"是的,你真的悟到了!"

智通和尚立刻说道:"师父,现在我不得不告辞了,我要下山云游去。"

众僧又是一惊,心里都认为,这个小和尚实在是太傲慢了,悟到"尼姑是女人做的"这么简单的道理也没什么稀奇的,却敢以此要求下山云游,真是太目中无人了。竟敢对我们师父这么无理,可恶!

然而禅师却不这样认为,他觉得智通到了下山云游的时候了,于是也不挽留他,提着斗笠,率领众僧,送他出寺。到了寺门外,智通和尚接过了禅师给他的斗笠,大步离去,再也没有任何留恋。

众僧都不解地问禅师:"他真的悟到了吗?"

禅师感叹道:"智通真是前途无量呀!连'尼姑是女人做的'都能参透,还有什么禅道悟不出来的呢?虽然这是众人皆知的道理,但是有谁能从中悟出佛理呢?这句话从智通的嘴里说出来,蕴含着另一种特殊的意义——世间的事理,一通百通啊。"

世界上的事,无论看起来是多么复杂神秘,其实道理都是很简单的,关键在于是否看得透。生活本身是很简单的,快乐也很简单,是人们自己把它们想得复杂了,或者人们自己太复杂了,所以往往感受不到简单的快乐,他们弄不懂生活的意味。

睿智的古人早就指出:"世味浓,不求忙而忙自至。"所谓"世味",就是尘世生活中为许多人所追求的舒适的物质享受、为人欣羡的社会地位、显赫的名声,等等。今日的某些人追求的"时髦",也是一种"世味",其中的内涵说穿了,也不离物质享受和对社会地位的尊崇。

可怜的某些人在电影、电视节目以及广告的强大鼓动下,"世味"一"浓"再"浓",疯狂地紧跟时髦生活,结果"不知不觉地陷入了金融麻烦中"。尽管他们也在努力工作，收入往往也很可观，但收入永远也赶不上层出不穷的消费产品的增多。如果不克制自己的消费，不适当减弱浓烈的"世味"，他们就不会有真正的快乐生活。

菲律宾《商报》登过一篇文章。作者感慨她的一位病逝的朋友一生为物所役，终日忙于工作、应酬，竟连孩子念几年级都不知道，留下了最大的遗憾。作者写道，这位朋友为了累积更多的财富，享受更高品质的生活，终于将健康与亲情都赔了进去。那栋尚在交付贷款的上千万元的豪宅，曾经是他最得意的成就之一。然而豪宅的气派尚未感受到，他却已离开了人间。作者问："这样汲汲营营追求身外物的人生，到底快乐何在？"

这位朋友显然也属"世味浓"的一族，如果他能把"世味"看淡一些，"住在恰到好处的房子里，没有一身沉重的经济负担，周末休息的时候，还可以一家大小外出旅游，赏花品茶"，这岂不是惬意的生活？

陈美玲写道："'生活简单，没有负担'，这是一句电视广告词，但用在人的一生当中却再贴切不过了。与其困在财富、地位与成就的迷惘里，还不如过着简单的生活，舒展身心，享受用金钱也买不到的满足来得快乐。"

简单的生活是快乐的源头，它为我们省去了欲求不得满足的烦恼，又为我们开阔了身心解放的快乐空间！

# 有些烦恼是我们凭空虚构的

　　春花秋月，夏风冬雪，皆是人间胜景，令人赏心悦目，心旷神怡。然而世间偏偏有人不能欣赏当下拥有的美好，而是怨春悲秋，厌夏畏冬，或者是夏天里渴望冬日的白雪，而在冬日里又向往夏天的丽日，永无顺心遂意的时候。这是因为总有"闲事挂心头"，纠缠于琐碎的尘事，从而迷失了自我。只要放下一切，欣赏四季独具的情趣和韵味，用敏锐的心去感悟、体会，不让烦恼和成见梗在心头，便随时随地可以体悟到"人间好时节"的佳境禅趣。

　　一个无名僧人，苦苦寻觅开悟之道却一无所得。这天他路过酒楼，鞋带开了。就在他整理鞋带的时候，偶然听到楼上歌女吟唱道："你既无心我也休……"刹那之间恍然大悟。于是和尚自称"歌楼和尚"。

　　"你既无心我也休"，在歌女唱来不过是失意恋人无奈的安慰：你既然对我没有感情，我也就从此不再挂念。虽然唱者无心，但是无妨听者有意。在求道多年未果的和尚听来，"你既无心我也休"却别有滋味。在他看来，所谓"你"意味着无可奈何的内心烦恼，看似汹涌澎湃，实际上却是虚幻不实，根本就是"无心"。既然烦恼是虚幻，那么何必去寻找去除烦恼的方法呢？

　　只要我们正在经历生活，就免不了会有一些事情占据心间挥之不去，让我们吃不下、睡不着，然而这些事情却并非那些重要而让我们非装着不可的事情，只是我们庸人自扰罢了。

有一位成功的商人，虽然已经身价千万，但似乎从来不曾轻松过。

他下班回到家里，刚刚踏入餐厅中。餐厅中的家具都是胡桃木做的，十分华丽，有一张大餐桌和六张椅子，但他根本没去注意它们。他在餐桌前坐下来，但心情十分烦躁不安，于是他又站了起来，在房间里走来走去。他心不在焉地敲敲桌面，差点被椅子绊倒。

他的妻子这时候走了进来，在餐桌前坐下。他说声你好，一面用手敲桌面，直到一个仆人把晚餐端上来为止。他很快地把东西一一吞下，他的两只手就像两把铲子，不断把眼前的晚餐一一铲进口中。

吃过晚餐，他立刻起身走进起居室去。起居室装饰得富丽堂皇，意大利真皮大沙发，地板铺着土耳其的手织地毯，墙上挂着名画。他把自己投进一张椅子中，几乎在同一时刻拿起一份报纸。他匆忙地翻了几页，急急瞄了瞄大字标题，然后，把报纸丢到地上，拿起一根雪茄。他一口咬掉雪茄的头部，点燃后吸了两口，便把它放到烟灰缸去。

他不知道自己该怎么办。他突然跳了起来，走到电视机前，打开电视机。等到画面出现时，他又很不耐烦地把它关掉。他大步走到客厅的衣架前，抓起他的帽子和外衣，走到屋外散步。他持续这样的动作已有好几百次了。他在事业上虽然十分成功，但却一直未学会如何放松自己。他是位紧张的生意人，并且常常放不下公司里的那些琐碎事情。他没有经济上的问题，他的家是室内装饰师的梦想，他拥有四部汽车，但他却无法放松自己。为了争取成功与地位，他已经付出了自己全部的时间去获得物质上的成就，然而，在他拼

命工作、拼命赚钱的过程中，却迷失了自己。

过分地投入生活，就会受到来自于诸多方面烦恼的干扰，常常令我们身心疲惫、痛苦不堪。然而心病还需心药医，只有我们从内心摆脱这些烦恼的束缚、将它们全部抛开，才能让心灵得到真正的轻松。

幸福和快乐原本是精神的产物，期待通过增加物质财富而获得它们，岂不是缘木求鱼？如果我们为了拥有一辆豪华轿车、一幢豪华别墅而废寝忘食；为了涨一次工资而逆来顺受，日复一日地赔尽笑脸；为了签更多的合同，年复一年、日复一日地戴上面具，强颜欢笑……长此以往，我们终将不胜负荷，最后悲怆地倒在医院病床上。此时此刻，我们应该问问自己：金钱真的那么重要吗？有些人的钱只有两样用途：壮年时用来买饭，暮年时用来买药。所以说，人生苦短，不要总是把自己当成赚钱的机器。一生为赚钱而活是何其悲哀！我们活着，若想自在些，就要把钱财看淡些，不要一味地去追求享受。在我们用双手创造财富的同时，不妨多一点休闲的念头，不要忘了自己的业余爱好，不妨每天花点时间与家人一起去看场电影，去散散步，去郊游一次……如果这样，生活将会变得丰富多彩，富有情趣；心灵会变得轻松惬意，自由舒畅；生命会变得活力无限。

## 学学动物过生活，大睡一场又如何

人，总是给自己许多负担、烦恼，这一切都是来自不满足。钱，不管多少，似乎永远都不够花，所以逼着自己去拼命赚钱，把自己当成机器来使；自己的孩子，不管多么聪明、乖巧，似乎永远都不够优秀，所以绞尽脑汁去培养他、鞭策他，全然不管他小小年纪是否承受得了；心烦事，永远都是才下眉头又上心头，根本排除不了……人活着，累！真累！所以忍不住有人喟叹，如果能像动物那样什么都不用操心，吃饱就睡、睡够就玩该有多好！

没问题，你当然可以那样，为什么不可以呢？只要你能够学会动物的那种心态。

猫：它从来不会为任何事情发愁。如果感到有些焦虑不安，或者稍微有一点情绪紧张的话，它就会立刻去大睡一觉，让焦虑感消失。

狗：它是一种极善忘记的动物。不管曾经遭受过什么痛苦，它都会在短短的时间内完全忘记，继而尽情享受眼前的欢乐，细细咀嚼找到的骨头，或是在草地上快乐地奔跑。

鸟：可谓是最懂得享受生命的一族。即便在最忙碌的时候，它们也会时不时停下来站在枝头唱会儿歌。你可以反驳说这是它们在为求偶努力，但是别忘了，哪怕繁殖季节已过，唱歌的鸟儿依然比

比皆是。

狮子：最懒也是最勤快的动物之一。想睡觉时它们会半天半天地赖在窝里一动不动，肚子饿时它们就会飞奔起来捕食。运动对于它们来说是家常便饭，或者干脆说是每日的必修功课。它们永远不会为已经过去的事情懊悔，也不会为还没有到来的事情担忧。

……

其实，这种朴素简单、自然自在的生活方式不只是存在于动物的世界里，有一部分人也在这样坚持着，因为这正是人类长期以来所追求的健康长寿法则。

其实，越是自然，越是简单，就越接近修身养性的真谛。既然如此，我们干吗还要固执地大睁着疲倦的双眼，拖着疲惫的身子，拼了命地追求那些身外之物？抛开一切，大睡一场又如何？

幸福是简单的。幸福与快乐源自内心的简约，简单使人宁静，宁静使人快乐。人心随着年龄、阅历的增长而越来越复杂，但生活其实十分简单。保持自然的生活方式，不因外在的影响而痛苦抉择，便会懂得生命简单的快乐。

简单就是剔除生活中繁复的杂念、拒绝杂事的纷扰；简单也是一种专注，叫作"好雪片片，不落别处"。生活中常听一些人感叹烦恼多多，到处充满着不如意；也常听到一些人抱怨无聊，时光难以打发。其实，生活是简单而且丰富多彩的，痛苦、无聊的是人们自己而已，跟生活本身无关；所以是否快乐、是否充实就看你怎样看待生活、发掘生活。如果觉得痛苦、无聊、人生没有意思，那是因为不懂快乐的原因！

快乐是简单的，它是一种自酿的美酒，是自己酿给自己品尝的；它是一种心灵的状态，是要用心去体会的。简单地活着，快乐地活着，你会发现快乐原来就是："众里寻他千百度，蓦然回首，那人却在灯火阑珊处。"

简单的生活,快乐的源头,为我们省去了汲汲于外物的烦恼,又为我们开阔了身心解放的快乐空间。"简单生活"并不是要你放弃追求,放弃劳作,而是要我们抓住生活、工作中的本质及重心,以四两拨千斤的方式,去掉世俗浮华的琐务。

## 不在意红尘纷扰,便可得一世之清欢

人生最忌讳的就是太在意。太在意,在意到为其舍生忘死,一命归西,最终还是免不了一场失意的结局……

太在意只会让你更失意,人生的舞台上,谁没有得与失?或多或少,总有失意的时候。若是执着于此,便难得快乐。

人生需要一些不在意。不在意,任何失意都将随风而去。人生百年,逝者如斯,何不让那些烦恼和忧愁,随着天上白云渐渐飘远,最后消失在漫无边际的天空之中?

平淡是真,别太在意,是内心祥和、物我两忘的一种修养、一种胸怀,更是人生境界的极致。唯有别太在意,才能把心灵超脱,笑看云卷云舒,静观花开花落。唯有别太在意,才能放下包袱,充满乐趣地活着。

乡村有一对清贫的老夫妇,有一天他们想把家中唯一值点钱的一匹马拉到市场上去换点更有用的东西。老头牵着马去赶集了,他

先与人换得一头母牛,又用母牛去换了一只羊,再用羊换来一只肥鹅,又把鹅换了母鸡,最后用母鸡换了别人的一口袋烂苹果。

在每次交换中,他都想给老伴一个惊喜。

当他扛着大袋子来到一家小酒店歇息时,遇上两个英国人。闲聊中他谈了自己赶集的经过,两个英国人听后哈哈大笑,说他回去准得挨老婆子一顿揍。老头子坚称绝对不会,英国人就用一袋金币打赌,三人于是一起回到老头子家中。

老太婆见老头子回来了,非常高兴,她兴奋地听着老头子讲赶集的经过。每听老头子讲到用一种东西换了另一种东西时,她的眼中都充满了对老头的钦佩。

她嘴里不时地说着:"哦,我们有牛奶了!"

"羊奶也同样好喝。"

"哦,鹅毛多漂亮!"

"哦,我们有鸡蛋吃了!"

最后听到老头子背回一袋已经开始腐烂的苹果时,她同样不愠不恼,大声说:"我们今晚就可以吃到苹果馅饼了!"

结果,英国人输掉了一袋金币。

不要为失去的一匹马而惋惜或埋怨生活,既然有一袋烂苹果,就做一些苹果馅饼好了,这样生活才能妙趣横生、和美幸福,你才可能获得意外的收获。

世上没有吃不了的苦,也没有走不完的路。当你烦恼时,请告诉自己:"不必太在意!"当你失恋的时候,不必太在意。因为没有缘分,所以分手。既然月老还没有把你的姻缘定下来,你又何必太在意呢?

当你工作不顺利时,不必太在意。想一想,你苦恼也好,难过也罢,即使吃不下、睡不着,工作也还是要做。所以,最好的办法就是不去在意它，以一颗平常心去面对现实，去想更好的办法，解决它。

其实，人生就像走路一样，有曲折，有坎坷，有通衢，有美景。面对顺境不要沾沾自喜，面对逆境也不必怨天尤人，只要牢记凡事"不必太在意"，只要热爱生活，以平和的心境去面对人生，面对这大千世界，相信就会走出精彩的人生。

## 茶味生活，苦中自有一缕芬芳

生命是一种轮回。人生之旅，去日不远，来日无多。权与势，名与利……统统都是过眼云烟，只有淡泊才是永恒的。

苦一点没什么，它会让你更懂得珍惜自己的所有，更懂得享受生活，你也就更能体味到生活的幸福滋味！

清清是一个细致的、朴素的女孩，是个大学二年级的学生。一个男生喜欢她，但同时也喜欢另一个家境很好的女生。在他眼里，她们都很优秀，也都很爱他，他为选择自己的另一半很犯难。有一次，他到清清家玩，当走到她简陋但干净的房间时，他被窗台上的那瓶花吸引住了——一个用矿泉水瓶剪成的花瓶里插满了田间野花。

他被眼前的情景感动了，就在那一刻，他选定了谁将是他的新娘，那便是摆矿泉水花瓶的那个女孩。促使他下这个决心的理由很简单，那个女孩子虽然并不富足，却是个懂得如何生活的人。将来，

无论他们遇到什么困难,他相信她都不会失去对生活的信心。

雅莉是个普通的职员,生活简单而平淡,她最常说的一句话就是:"如果我将来有了钱啊……"同事们以为她一定会说买房子买车,她的回答却令人们大吃一惊:"我就每天买一束鲜花回家!""你现在买不起吗?"同事们笑着问。"当然不是,只不过对于我目前的收入来说有些奢侈。"她也微笑着回答。一日,她在天桥上看见一个卖鲜花的乡下人,他身边的塑料桶里放着好几把雏菊,她不由得停了下来。这些花估计是乡下人批来的,又没有门面,所以花便宜得要命,一把才5元钱,如果是在花店,起码要15元!于是她毫不犹豫地掏钱买了一把。

她兴奋地把雏菊捧回了家,在她的精心呵护下这束花开了一个月。每隔两三天,她就为花换一次水,再放一粒维生素C,据说这样可以让鲜花开放的时间更长一些。每当她和孩子一起做这一切的时候,都觉得特别开心。一束雏菊只要5元钱,但却给雅莉和家人带来了无穷的快乐。

关琳是某大型国企中的一名微不足道的小员工,每天做着单调乏味的工作,收入也不是很多。但关琳却有一个漂亮的身段,同事们常常感叹说:"关琳如果穿起时髦的高档服装,都能把一些大明星比下去!"对于同事的惋惜之词,关琳总是一笑置之。有一天,关琳利用休息时间清理旧东西,一床旧的缎子被面引起了她的兴趣——这么漂亮的被面扔了实在可惜,自己正好会裁剪,何不把它做成一件中式时装呢?等关琳穿着自己做的旗袍上班时,同事们一个个目瞪口呆,拉着她问是在哪里买的,实在太漂亮了!从此以后,关琳的"中式情结"一发不可收拾:她用小碎花的旧被单做了一件立领带盘扣的风衣,她买了一块红缎子面料稍许加工后,就让她常穿的那条黑长裙大为出彩……

三个身处不同环境的平凡女人有一个共同点：她们都能从平凡的生活中找到属于自己的幸福。清清并不富裕，但她却懂得尽力使自己的生活精致起来；雅莉生活平淡，她却愿意享受生活，并为生活增添色彩；关琳无法得到与自己的美丽相称的生活，但她没有丝毫抱怨，还尽量利用已有的东西装点自己的美丽。所以最快乐的人并不是一切东西都是美好的，她们只是懂得从平淡的生活中获取乐趣而已。

　　其实，世界上的大多数人都并不伟大，但平凡的人生同样可以光彩夺目。因为任何生命——平凡的生命和伟大的生命，都是从零开始的。只是平凡的人离零近些，伟大的人离零远些。

　　追求平凡，并不是要你不思进取、无所作为，而是要你于平淡、自然之中，过一个实实在在的人生。平凡乃人生的一种境界。肤浅的人生往往哗众取宠，华而不实，故弄玄虚，故作深沉；而平凡的人生往往于平淡当中显本色，于无声处显精神。平凡在某种程度上来说，表现为心态上的平静和生活中的平淡。平淡的人生犹如山中的小溪，自然、安逸、恬静。平凡的人生也无须雕琢，刻意雕琢就会失去自然、失去本性。

　　做平凡人是一种享受：享受平凡，勤耕苦作有收获，不求名利少烦恼；享受平凡，看海阔天空飞鸟自在翱翔；看山清水秀，无限风光在眼前。享受平凡，不是消极，不是沉沦，不是无可奈何，不是自欺欺人。享受平凡是因为平凡中你才能体会到生活的幸福和可贵，幸福不是腰缠万贯、豪华奢侈，幸福不是位高权重、呼风唤雨，幸福是对平凡生活的一种感悟，只要你经历了平凡，享受了平凡，就会发现：平凡才是人生的真境界！

# 此身常放在闲处

人生在世,最舒心的享受不一定是荣誉的满足,而是性情的安然与恬淡。因此说,宠辱不惊,用一颗平常心去对待、解析生活,就能领悟到生活的真谛。《菜根谭》上说:"此身常放在闲处,荣辱得失谁能差遣我;此身常在静中,是非利害谁能瞒昧我。"意思是说,经常把自己的身心放在安闲的环境中,世间所有的荣华富贵和成败得失都无法左右我,经常把自己的身心放在安宁的环境中,人间的功名利禄和是是非非就不能欺骗蒙蔽我了。平常心是一种人生的美丽,非淡泊无以明志,非宁静无以致远。不虚饰,不做作,襟怀豁然,洒脱适意的平常心态不仅给予你一双潇洒和洞穿世事的眼睛,同时也使你拥有一个坦然充实的人生。

在社会竞争日益激烈的今天,有一种平和的心态,对身体的健康和事业的成败都是至关重要的。当然,平常心是一种经历失败与挫折,不断奋斗努力,才能历练出的人生境界。它不为一切浮华沉沦,不为虚荣所诱。

时光荏苒,人生短暂。要快乐地品尝人生的盛宴,需要有一份宠辱不惊、不卑不亢的平常心态。即使身份卑微,也不必愁眉苦脸,要快乐地抬起头,尽情地享受阳光;即使没有骄人的学历,也不必怨天尤人,而要保持一种积极拼搏的人生态度;当我们出入豪华场所，用不着为自己过时的衣着而羞愧。

我们用不着羡慕别人美丽的光环，只要我们拥有一份平和的心态，尽自己所能，选择自己的人生目标，勇敢地面对人生的各种挑战，无愧于社会、无愧于他人、无愧于自己，那么，我们的心灵圣地就一定会阳光灿烂，鲜花盛开。

宠辱不惊，是一种处世智慧，更是一门生活艺术。人生在世，生活中有褒有贬，有毁有誉，有荣有辱，这是人生的寻常际遇，不足为奇。古往今来无数事实证明，凡事有所成、业有所就者无不具有"宠辱不惊"这种极宝贵的品格。宠也自然，辱也自在，一往无前，否极泰来。

在现实生活中难免会遭到不幸和烦恼的突然袭击，有一些人面对从天而降的灾难，处之泰然，总能使平常和开朗永驻心中；也有一些人面对突变而方寸大乱，甚至一蹶不振，从此浑浑噩噩。为什么受到同样的心理刺激，不同的人会产生如此大的反差呢？原因在于能否保持一颗平常心，宠辱不惊。

著名女作家冰心曾亲笔写下这样一句话："有了爱就有了一切。"看到这句话，不禁让人感到一种身心的净化，受到一种圣洁灵魂的感染。在冰心的身上，永远看到的是一个人生命力的旺盛，看到的是一颗跳动了近百年，在思考、在奋斗的年轻、从容的心。曾经，冰心在中国作协扫了两年厕所，60多岁的老人每天早上六点赶车上班。老了之后尽管行动不便，每早起床就大量阅报读刊，了解文坛动态，然后就握笔为文，小说、散文、杂文、自传、评论、序跋，无所不写。在遗嘱里她还写下了这样的句子："我悄悄地来到这个世上，也愿意悄悄地离去。"

成功时不心花怒放、莺歌燕舞、纵情狂笑，失败时也绝不愁眉紧锁、茶饭不思、夜不能寐。拥有了一颗平常心，就拥有了一种超

然、一种豁达，故达观者宠亦泰然，辱亦淡然。成功了，向所有支持者和反对者致以满足的微笑；失败了，转过身揩干痛苦的泪水。

实际上，生活就如同弹琴，弦太松弹不出声音，弦太紧会断，保持平常心才是悟道之本。古今中外的大多数伟人，他们沉着冷静，遇事不慌，及时应变，正确判断所处局势，取得了令人瞩目的成就。一般来说，人们只要不是处在疯狂或激怒的状态下，都能够保持自制并作出正确的决定。宠辱不惊的情绪，不仅平时可以给生活带来幸福稳定和畅快，而且能在大难临头的时候，帮助你转危为安，逢凶化吉。

在平常心的世界里，一切都被看得平平常常，即"宠辱不惊，看庭前花开花落，去留无意，望天外云卷云舒"。平常的生命、平常的生活一经升华，就会变得不那么平常起来。因为，生命和生活是美丽的，这种美丽恰恰蛰伏于最容易被我们忽略的平平常常之中。不珍惜平常的人，不会创造出惊天动地的伟业，没有把平常日子过好的人，体味不到人生的幸福，因为平常孕育着一切，包容着一切，一切都蕴含在平常之中。

# 第二辑
## 一舍一得人生事

所谓舍得,舍即是得,舍在得中,得在舍中。一个人,若思想通透了,行事就会通达,内心就会通泰,有欲而不执着于欲,有求而不拘泥于求,取其所必需,取其所当有,取其所该有,而舍其不能有,舍其不当有,舍其不必有。自然活得洒脱,活得自在。活得平和的人,心底踏实安详,云过天更蓝,船行水更幽。

# 1

# 百年人生，不过是一舍一得的重复

人这一生，最大的"得"便应该是"生"。父母给予了我们生命，这不就是最大的"得"吗？如果说没有这个"得"，那其他的一切也就无需再论。而最大的"失"，应莫过于"死"。当死神召唤之时，即便有千般不愿，也要抛出所得的一切，包括自己的生命，这难道不是最大的"失"吗？但事实上，这最大的"得"与"失"，人根本无法掌握，那么为何还要那般执着于生命中无谓的得得失失呢？一个人赤条条地来到这个世界，最终还要赤条条地走开，什么你也带不走。

## 超越外物，就是超越自我

"五色令人目盲；五音令人耳聋；五味令人口爽；驰骋畋猎，令人心发狂；难得之货，令人行妨。是以圣人为腹不为目，故去彼取此。"老子的意思是说，如果一个人过分追求感官刺激，则会伤其身、乱其心。

的确，人一旦被欲望缠上了身，就难以得到安宁，时刻仿佛有大患在身，无论得宠还是受辱，在心理上都会时时处于惊恐之中。

利奥·罗斯顿是美国最胖的好莱坞影星，腰围 6.2 英尺，体重 385 磅。1936 年在英国演出时，他因心肌衰竭被送进汤普森急救中心。抢救人员用了最好的药，动用了最先进的设备，仍没挽回他的生命。

临终前，罗斯顿曾绝望地喃喃自语："你的身躯很庞大，但你的生命需要的仅仅是一颗心脏！"罗斯顿的这句话，深深触动了在场的哈登院长。作为胸外科专家，他流下了泪。为了表达对罗斯顿的敬意，同时也为了提醒体重超常的人，他让人把罗斯顿的遗言刻在了医院的大楼上。

1983 年，一位叫默尔的美国人也因心肌衰竭住了进来。他是位石油大亨，两伊战争使他在美洲的 10 家公司陷入危机。为了摆脱困境，他不停地往来于欧亚美之间，最后旧病复发，不得不住进来。

他在汤普森医院包了一层楼,增设了 5 部电话和两部传真机。当时的《泰晤士报》是这样渲染的:汤普森——美洲的石油中心。

默尔的心脏手术很成功,他在这儿住了一个月就出院了。不过他没回美国。他在苏格兰乡下有一栋别墅,是他 10 年前买下的,他在那儿住了下来。1998 年,汤普森医院百年庆典,邀请他参加。记者问他为什么卖掉自己的公司,他指了指医院大楼上的那一行金字。不知记者是否理解了他的意思。总之,在当时的媒体上没找到与此有关的报道。

后来人们在阅读默尔的传记时发现了这么一句话:富裕和肥胖没什么两样,也不过是获得超过自己需要的东西罢了。

人应该了解自己的真实需求,把其他的一切慢慢放下,这样的人活着才是为了自己。可是,谁都有些东西难以割舍,时间长了就变成痛苦的执着。

想象一下,如果有一个地方,能让我们心安,能让我们抛却浮躁,那不正是我们理想的栖息地吗?我们又何必刻意地去寻找呢?一片生机盎然的花圃,一座巍巍葱茏的大山,一场密密匝匝的雪花,一本泛着墨香的书卷,都可以成为我们自由的栖息地,都可以容纳我们放逐的心灵和漂泊的意志。

要想自由地栖居,耐得住寂寞,必须放得下繁华。如果心恋浮华,不舍喧嚣,是不会得到心灵的安顿的。这就好比一个人,终日汲汲于富贵,切切于名禄,桎梏于外物,他又怎么可能出离尘世而追寻幽独?又好比是一匹马,如果被拴上了车套,它只有一味地卖力奔驰,哪还会有机会停下来思索自己的生命呢?

要有自己自由的栖息地,就不要受拘于外物。因为外物总是短暂而容易腐朽的,只有生命的灵魂才是永恒。我们又怎能让短暂的腐朽来妨害对于永恒的生命的思索呢?

有的人对生命有太多的苛求,弄得自己生活在筋疲力尽之中,从没体味过幸福和欣慰的滋味。生命也因此局促匆忙,忧虑和恐惧时常伴随,一辈子实在是糟糕至极。需知月圆月亏皆有定数,岂是人力所能改变的?不如放下,给生命一份从容,给自己一片坦然。

人生一世,不可能一帆风顺。只有不拘外物,才会另有收获。人生一切痛苦的根源,就是对于外物的追求和执着。超越外物,就是超越自我。无物也就是无我,自己的心境也就不会随着外物的变化迁移而波动。正所谓"是进亦忧,退亦忧",不假于物,才能造就真实的自我。

当一个人参悟了得失取舍的奥秘,洞晓了人生的真相,就不会再执着于外物,这便是觉悟者的境界。对每一个人来说,人生都是一种不断修行和参悟的过程,只是说,看你往哪方面修,往哪里行。生活给我们"设置"了重重障碍,一些人被束缚住了,不能悟破,而另一些人突破了重重障碍,顿悟了生活的真谛。

## 不可取,不愿舍,于人最折磨

生活中要面对的"取舍"问题很多,不可取而又不愿舍的故事时常上演。比如,处在两个思维世界的男女朋友,感情冷淡、相互排斥、貌合神离的夫妻,为了种种的原因,就这样斩不断理还乱地勉强维持着关系,理由就是"这么多年的感情哪能说断就断"、"怎么说也要给孩子一个完整的家",结果呢,一直生活在痛苦当中。不知当中的他和她,是否忘了自己也可以拥有追求幸福的权利。何必苦了自己,也苦了别人的一生呢?

说一个身边朋友的故事吧。

她还很年轻的时候,就已经察觉到老公在外面有了别的女人,当时,她几乎都要崩溃了。令人未曾想到的是,她竟然把这件事强忍了下来,她的理由就是,"为了孩子"。为了孩子,她选择自己欺骗自己,就当这件事没有发生过,或者说就当自己没有发现过,继续维持着家庭的生活。但是,她毕竟是个有血有肉的人呀!长期生活在这样不幸的婚姻当中,压力、空虚和心理上的不平衡不断地冲击着她。当心理的承受能力达到极限时,她就会拿无辜的孩子来撒气,再到后来,甚至一想到这些事情,就乱骂、乱打孩子。无辜的孩子常常就莫名其妙地遭了殃。而且,她还时常当着孩子面,用恶毒的语言讽刺、咒骂、攻击她的丈夫。长期生活在这样的家庭环境下,最后,孩子的精神世界也跟着崩溃了。现在,孩子已经长大成人,可是性格和行为上都有很大的缺陷。

我们思考一下,在这段婚姻中,真正受到最大伤害的人是谁?其实是孩子!当然,她的遭遇也是不幸的,但她处理问题的方式,使这个不幸所波及的范围在不断扩大,如今,她自己、她的孩子,甚至是她的丈夫和丈夫的情人,都成了这件事情的"受害者"。造成了这个局面,其实她已经输了,就输在了不舍、不甘和自以为是上,不是吗?

现在,她上了年纪,孩子也已经长大了。但是,可怜的孩子也变"坏"了,他感觉不到爱,也学不会宽容和爱,他的世界观、价值观、道德观都偏离了正确的轨道,说话和做事的方式非常极端偏激。家里的亲朋好友也曾尝试和孩子去沟通。可怜的孩子,他给出

的答案是："在这样一个没有温暖的家庭，谁管过我的感受？他们两个人三天一小吵，五天一大吵，谁真正用心关心过我？甚至还拿我当出气筒！他们之间出了问题，难道我就必须要受罪吗？他们生我出来，难道就是用来撒气的吗？亲生父母都这样，我对这个世界失望了。我只不过是为了自己而活着。"

看到孩子的状况，她终于清醒过来，认识到并能够真正去面对自己的错误了。可是，在她愿意放下自己心里面的固执，愿意去办离婚手续时，当初那个乖巧懂事的孩子却无论如何也回不来了，他不肯原谅自己的父母。她很想去补救，可是孩子根本不给他们机会，他对他们已经绝望了。可怜的她在痛苦中生活了这么多年，已近黄昏，幡然醒悟，可是，又是否能够享受到儿孙承欢膝下的天伦之乐呢？

明知道是痛苦的生活模式，却固执地选择坚持，到最后，非但自己痛苦不堪，也间接连累他痛苦异常，不是吗？这是她犯下的最大错误，毁了自己，也毁了自己爱及不爱的人。

所以，当我们认识到，有些事情已经不能勉强、无法挽回的时候，不如问问自己：我干吗不放手呢？很多时候，感情也好，婚姻也好，其他的事情也好，明明知道接下来的坚持会对自己或是别人都造成一定的伤害，我们还要不要一门心思犟到底呢？是不是就算伤害人也在所不惜？那么别忘了，你自己也会遍体鳞伤的！生活中的很多事情都是需要放手的，换个方式处理问题，也许真的就海阔天空了呢。

当然，很多事情的发生都有特定的背景，当事人的处境也各有不同，所以处世也因人而异，这都要靠自己的智慧来体会、解决、化解。在这里，把一份祝福送给上面的那位朋友吧！至少她现在懂得了放下，明了了取舍，这不也是一件好事吗？虽然这顿悟来得晚了一点，代价也确实很大，但今后她一定能从"取舍"中找到让自己幸福的方法，因为跌倒过，智慧就长出来了，不是吗？同时，也希望所有人都能懂得"取舍"，该取的取来就是，该放的就不要勉强，那么幸福就会一直跟着你走。

## 得失难两全，取舍在三思

人生之路漫长悠远，每个人都要面临无数次选择。这些选择，可能会使生活充满烦恼，使人不断失去本不想失去的东西。但同样是这些选择，却又让人在不断地获得。失去的，也许永远无法弥补，但得到的，却是别人无法体会到的、独特的人生。面对得与失、顺与逆、成与败，不必斤斤计较，耿耿于怀，否则，就会活得很累。

其实，人在大得意中也常会遭遇小失意，后者与前者比起来，可能微不足道，但不知为什么，人们却往往会怨叹那小小的失，而不去想想既有的得。是不是我们的心太不知足？事实上，得与失对人的困扰，就是人的自我束缚，是我们在自寻烦恼。这烦恼要如何解除？很简单，即将得失是非忘却，则自然会心境澄澈，烦恼顿消，亦如青山白云，静者自静，闹者自闹。随时排除得失，真我本性自然恢复，心中清净如水，波澜不惊，自然即可达舒适轻快的人生境界。

细想想，我们的人生不就是在得失取舍中度过？当你终于成功，失去的是青春；你终于事业有成，失去的是健康；一些所谓的成功

人士有许多女伴的时候，失去的也许是忠贞不渝的爱情和夫妻间的相濡以沫；儿孙满堂时，失去的却是一生……如果一点都放不开，什么也舍不得的话，我们很可能就什么也得不到。你捡起一块石头之后总也放不下的话，双手是不是就不能用来干别的事了？有的朋友总是幻想着把什么事都尝试一遍，那太不现实了，人还是一辈子只做几件事好，但是要把那几件做得像个样子。

所以，我们要明得失、懂取舍，让自己的心做出一个合适的选择。

在梦中天姥山的石阶上，脚着谢公屐，看海日，闻天鸣，醒来便仰天长啸出门去，不肯摧眉折腰事权贵的李白选择了骑鹿游名山，失去了权势，却得到了开心颜。

在南山蜿蜒的小路上，东篱下，一个采菊的身影，挥罢衣袖，吟道："少无适俗韵，性本爱深山。"在误落尘网三十年后，陶渊明选择了守拙归田园，失去了五斗米，却挺直了他的脊梁。

在惶恐滩头，在零丁洋里，文天祥一身浩然正气，不被利禄所惑，不为强暴所服，失去了生命，却得到了千古赞颂。

由此可见，并不是一切失去都只意味着缺憾。

在国家生死存亡的关头，为了个人恩怨，为了一己之私，秦桧谗言献媚，一句"莫须有"，断送了祖国大好河山。是的，他得到了满足，却留下了千古骂名。

在国家蓬勃发展的时候，在人民需要体恤的时候，为了金钱，为了虚荣，一些人忘记了信仰，背叛了人民，伸出了贪腐之手。是的，他们得到了一时的荣华，却最终难逃法网。

当然，也不是一切得到都意味着圆满。在人生道路上，在花花世界里，你是否看得清：失中有得，得中有失，得得失失，全在取舍。

所以，不要再为失去的追悔伤心，也许失去意味着更好的得到，只要我们选择的是纯洁而又美好的理想；也不要再为得到的而沾沾自喜，也许得到代表着我们将失去了更多，如果你选择的是虚荣而又自私的目标。

得与舍的关系就是这样微妙，一个人一生中，可能就只会得到有限的几样东西，甚至几点东西，而这些东西却可能需要用一生的时间来换取，所以在这个意义上讲，人生其实是个悲剧。这个世界上有那么多东西，又有那么多美好的东西，可是那一切都好像与我们无关，它对于我们只是作为一种诱惑出现，我们只能眼睁睁地看着别人将它拿走。如果一点都放不开，什么都舍不得，什么都想得到，就会活得很累。可是我们本来就一无所有，甚至这世界上本来就没有我们，从这点看，我们已经获得了几样东西，最起码获得了生命，和来世界走一遭的体验。上帝对我们其实还是不错的，至少在这个美好纷繁的世界上旅游了这些许年，所以你看，我们是不是又得到了许多？

只要参透了这得与失、取与舍，我们就不会得意忘形，也不会悲观失望。有一颗平常心，一颗从容心，我们就可以做事了。

## 除非你不想"得"，否则就别怕"失"

其实再怎么说，我们也不愿失去，人的本性如此，无可非议。然而，得到固然令人欣喜，失去却也并不值得悲伤。得到的时候，

渴望就不再是渴望了，于是得到了满足，却失去了期盼；失去的时候，拥有就不再是拥有了，于是失去了所有，却得到了怀念。连上帝都会在关了一扇门的同时又打开一扇窗，得与失本身就是无法分离：得中有失，失中又有得。

但是得到与失去、追求与放弃，又实在是生活中再平常不过的事情，就是我们不愿意，它也在那里，不离不去。基于此，我们最好以一种平常、豁达的心态去看待人生中的得得失失。该取的取、该舍的舍，或许这便是"福"的开始。

《淮南子》中讲了这样一个故事：一个边塞老头儿丢了一匹马，亲戚邻里知道后都来安慰他，他却说："此何遽不为福乎？"几个月之后，那匹马果然回来了，而且还带回来一匹上好的胡马。这便是"塞翁失马，焉知非福"的由来，它道的是得与失、舍与得的协调与公平的哲学。

当然，这也不是说每个人在失去以后又都能够失而复得，很多东西我们一旦失去，它便永不复来。那么，是不是我们就要为此号啕大哭呢？当然不！古人说，"有得必有失，有失才有得"、"因祸得福，否极泰来"，可见，有舍有得才是生活。我们要得到这一面，就必然得舍去那一面，这正如福祸相依一样。一件事情对我们的人生造成了影响，乍看上去，似乎是我们的一个损失，是一个祸。但随着时间慢慢推移，随着心智的成熟，我们从另一个角度去看它，却发现它正好弥补了我们某一方面的空白，你说这是福是祸呢？

其实世界上有很多人，就是因为某些原因失去了他们本该拥有的，便得到了别人无法得到的。

有一个小男孩，他在10岁那年因为车祸失去了左臂，但他很想学习截拳道。后来，小男孩拜了一位截拳道大师为师，开始自己的习武之路。他天分不错，可是整整练习了3个月，师傅就只教了他一招，小男孩有点丈二和尚——摸不着头脑了。

终于有一天，他忍不住问师傅："师傅，我是不是应该再学一些其他招法呢？"师傅回答他："不，你只需要学会这一招就足够了。"小男孩并不是很明白，但是他很相信师傅，于是继续照着师傅的话练了下去。

几年以后，师傅第一次带着他去参加比赛。男孩自己都没有想到，他居然能够轻轻松松赢下前两轮。第三轮稍稍有点困难，但对手还是很快就变得焦躁，连连进攻，空门大露，男孩敏捷地施展出自己那一招，又赢了！就这样，男孩"稀里糊涂"地进入了决赛。

决赛的对手比男孩高大、强壮许多，也似乎更有经验。打着打着，男孩显得有些招架不住了。裁判担心男孩受伤，叫了暂停，并打算就此终止比赛，然而师傅不答应，坚持说："继续下去！"

比赛重新开始后，对手放松了戒备，男孩立刻使出那招，制伏了对手，最终获得了大赛冠军。

回家的路上，男孩与师傅一起回顾每场比赛的每一个细节，男孩鼓起勇气道出了心中的疑问："师傅，我怎么会仅凭一招就赢得了冠军？"

师傅答道："这有两个原因，第一，你几乎完全掌握了截拳道中最难的一招；第二，据我所知，对付这一招唯一的办法是对手抓住你的左臂。"

毫无疑问，无论怎么说，失去一只胳膊是不幸的，但如果因为不幸而就此低迷，那才是最大的不幸。这个小男孩，可以说苦难给了他不幸，但同时也给了他成功的契机。相对于小男孩而言，大多数人应该是很幸运的，而大多数人没有做出足以告慰自己的成绩，恰恰是因为我们大多数人都存在着心理惰性。我们四肢健全，但我们不肯像小男孩一样努力。当然，也不是说有了类似小男孩的经历

就好，正常人谁也不愿意，我们在这里想要告诉大家的是，其实这个世界一直都在遵守着能量守恒定律，生活让你失去了一部分，就必然会在另一部分中给予你补偿。

得到与失去，福禄与灾难，是辩证统一的，是相对而言而并非绝对。有时只是一瞬间、仅仅是一念之差，便会造就不同的结局。如果我们不能参透其中的哲理，辩证地看待得与失、福与祸，就会产生不必要的心理负担，并为此痛苦不已。

当我们得到之时，我们不能狂喜，在心中保持一份淡然；当我们失去之时，我们不要悲伤，让自己看开些，或许失去正是为了腾出手来握住更好的东西。生活就是这样，有时缺陷可以变成优势。所以，当你拥有缺陷时，不必耿耿于怀，因为生活本来就有它的两面性。谁都无法逃离这个规则。

## 失去了，就放手

无论失去或得到，只需用一颗平静的心去面对，缺也会是圆。

人生就好似一座天平，得失心过重或是过轻，都会失去平衡。是故，应以平衡的心态、平衡的目光去看待得失。从得中看到失，从失中发现得。把握好得与失这架刚好平衡的天平。不要因为"得"而沾沾自喜，乐不可支，也不该因"失"而怨天尤人，痛不欲生。其实，这世界上根本就没有什么东西是不可或缺的。若是我们能够学会为失去感恩，幸福的阳光就会洒满我们的心扉。

有位老人在行驶的火车上，不小心把刚买的新鞋掉到窗外一只，周围的人都替他感到惋惜。谁知道，那位老人马上又把第二只鞋也从窗口扔了出去，旅客们着实看不明白老人的举动。随后，老人解释道："这一只鞋无论多贵，对我来说也没有用了。如果有谁捡到一双鞋，说不定还能穿呢！"

显然，老人的行为已有了价值判断：与其抱残守缺，不如断然放弃。

我们失去过某些重要的东西，甚至因此在心里留下了阴影。究其原因，是我们没有调整好心态，从心理上不承认失去，而是一直沉湎于已经不存在的东西。很少有人想过，也许你失去的，正是他人应该得到的。

普希金在一首诗中写道："一切都是暂时的，一切都会消逝；让失去的变为可爱。"有时，失去未必就是忧伤，而可能成为一种美丽；失去未必就是损失，也可能成为一种奉献。所以，不要再为失去伤精神，事实上，很多人、很多事，正是因为失去才有了更好的获得。比如，因断臂而有不朽于世的维纳斯，因失明而诞生的《二泉映月》……想想他们，你是不是觉得，生活中其实没有什么东西是不能放手的？

其实，随着时间的推移我们就会慢慢发现，曾经自以为不可放手的东西，只不过是生命中的一块跳板而已。跳过了，我们的人生就会变得愈加精彩起来。人在跳板上，最难忍耐的不是跳下来的那一刻，而是在跳下来之前，心里的犹豫、挣扎、无助和患得患失，那种感觉只有自己才能体会到。

# 看破浮生过半，半之受用无边

林语堂深受儒家学派思想的影响，特别是孔子，所以林语堂对中庸思想推崇备至，他说："我像所有的中国人一样，相信中庸之道。"林语堂还非常喜欢清代李模（密庵）那首《半字歌》，认为它最好地反映了自己的人生理想。这首《半字歌》写道："看破浮生过半，半之受用无边。半中岁月尽幽闲，半里乾坤宽展。半郭半乡村舍，半山半水田园。半耕半读半经廛，半士半民姻眷。半雅半粗器具，半华半实庭轩。衾裳半素半轻鲜，肴馔半丰半俭。童仆半能半拙，妻儿半朴半贤。心情半佛半神仙，姓字半藏半显。一半还之天地，让将一半人间。半思后代与沧田，半想阎罗怎见。饮酒半酣正好，花开半吐偏妍。帆张半扇免翻颠，马放半缰稳便。半少却饶滋味，半多反厌纠缠。百年苦乐半相参，会占便宜只半。"这是对中庸哲学的形象阐释，它将天地人生的种种现象与关系写得绘声绘色，一览无余，其中在对天地万物的悲悯中又有着达观超然的人间情怀。没有对世界、人生的本质性理解，如何能深刻、透彻以至于此。作者也将天地间的冷暖、得失、出入、是非、进退、悲欢描述得更是入木三分。

基于这一"半半哲学"思想，林语堂反对过于努力工作和过于慵懒闲适的生活态度，而提出了工作和休闲相结合的生活方式，那就是努力工作和尽情享受生活。他说："我主张'尽力工作尽情作乐'的人，英文只有 work hard、play hard 四字，这样才得生活之调剂，无意中得不少收获。"林语堂本人即是这一生活原则的实行者，一方面他笔耕不辍，直到 77 岁还没有放下手中之笔，他平均每年写一本书。《生活的艺术》这本书，林语堂仅用了 3 个月时间就写出 700 多页，用他自己的话说就是："那时的写作真如文王被囚一样，一步也不能离开。"如果用"拼命三郎"来概括林语堂的写作也不为过。但另一方面，林语堂又非常注意休闲和享受，他常去户外散步，去郊外垂钓，去名山大川自由自在地游憩，他常在物质和精神两个方面体会生活的美好及其快乐，以诗意的情怀理解生活中的一切。晚年定居台湾的阳明山，那里的山水风光、田园美景即是林语堂充分享受人生快乐的最好注释。在没来之前，林语堂有感于美国人长于进取和工作，却拙于享受的特点，并向美国读者介绍了《乐隐词》二首，其一的内容是："短短横墙／矮矮疏窗／柁楂儿小小池塘／高低叠嶂／绿水旁边／也有些风／有些月／有些凉。"其二的内容是："懒散无拘／此等何如／倚阑干临水观鱼／风花雪月／盈得工夫／好烓些香／说些话／读些书。"在《个人的梦》里，林语堂更是心态悠闲愉悦地说，假使他能得一个月的悠闲，度一个月悠闲的生活，他可以立即放下手中之笔，睡 48 小时大觉，换上便服，带一鱼竿，携一本《醒世姻缘》，一本《七侠五义》，一本《海上花》，此外行杖一支、雪茄 5 盒，到一世外桃源，暂做葛天遗民，领现在可行之乐，补平生未读之书。这是充分理解了闲适和享受真义之后的人生理想方式。在林语堂笔下，他所崇拜的陈芸和姚木兰也是这样：她们知足常乐，对生活所求不多，平淡悠闲的田园生活最令她们感到惬意，即使是布衣菜饭，也自乐其中。林语堂认为还是张潮说得好："能闲人之所忙，然后能忙人之所闲。"

其实，人生中存在着多个矛盾体，对每个矛盾体都应采取一种"半半哲学"的调和方法。因为人生永远有两个方面：工作与消遣、事业与游戏、应酬与燕居、守礼与陶情、拘泥与放逸、谨慎与潇洒。其原因就在于人之心灵总是一张一弛，若海之有潮汐，音之有节奏，天之有晴雨，时之有寒暑，日之有晦明。

林语堂将"半半哲学"运用到人生上，也为自己找到了一个有力的支点。他说："我们承认世间非有几个超人——改变历史进化的探险家、征服者、大发明家、大总统、英雄——不可，但是最快乐的人还是那个中等阶级者，所赚的钱足以维持独立的生活，曾替人群做过一点点事情，可是不多；在社会上稍具名誉，可是不太显著。只有在这种环境之下，名字半隐半显，经济适度宽裕，生活逍遥自在，而不完全无忧无虑的那个时候，人类的精神才是最为快乐的，才是最成功的。"这里所提到人生成败得失的问题，也涉及人生的最终目的问题，也可以这样说是将人生的欢乐删除掉而一味追求所谓的创造，还是在创造之余保有一颗快乐、幸福之心？因此，在生活中亦无所求，就没有忧虑。心态从容平静，精神饱满丰盈，生命充实内在，此种人生才值得一活。

人生苦短，最长命者亦不过百岁。以往我们的人生观可能比较注重不断地奋斗、获得，扼住命运的咽喉并与之抗争之精神，但却相对忽略了充分地体会人生，细细地咀嚼生命中的每一时刻。

# 2

# 不求而得的，往往求而不得

人生不能只进不退，当你为某一目标费尽心血，却丝毫看不到成功的希望时，适时放弃也是一种智慧，或许这一变通，便打开了新的篇章。其实有时候，退几步，就是在为奔跑做准备。有时候，松开手，重新选择，人生反而会更加明朗。衡量一个人是否明智，不仅仅要看他在顺风时如何乘风破浪，更要看他在选错方向时懂不懂得转变思路，适时停止。

# 人人愿得不愿舍，岂知不舍更不得

让河流动，方得一池清水，这是流水不腐的道理。舍而后得，这是人生的道理。

"舍得"一词，是佛家语，是禅境语。本意是讲万丈红尘扑朔迷离，人生在世总会有获得有舍弃。舍与得互为因果，往与复本来是自如的，如果领略其中奥意，自然可以打破分别之心。佛无分别心；无分别心，即无烦恼挂碍，心境圆融通达，万象归于一乘，人生有限之生命就会融入无限的大智慧中。

舍与得的问题，多少有点哲学的意味。舍得，舍得，先有舍才有得，不舍不得，小舍小得，大舍大得，舍即是得。舍是得的基础，将欲取之，必先予之，因而人生最大的问题不是获得，而是舍弃。无舍尽得谓之贪。贪者，万恶之首也。领悟了舍得之道，对于做人做事都有莫大的益处。做人，应该抛弃贪婪、虚伪、浮华、自私，力求真诚、善良、平和、大气。做事，应该有所为有所不为。

生活本来就是舍与得的世界，人在选择中走向成熟。做学问要有取舍，做生意要有取舍，爱情要有取舍，婚姻也要有取舍，实现人生价值更要有取舍……正如孟子所说："鱼，我所欲也；熊掌，亦我所欲也。二者不可得兼，舍鱼而取熊掌者也。"人生即是如此，有所舍而有所得，在舍与得之间蕴藏着不同的机会，就看你如何抉择。

倘若因一时贪婪而不肯放手，结果只会被迫全部舍去，这无异于作茧自缚，而且错过的将是人生最美好的时光，即使最后能获得什么，那也是一种得不偿失！何苦来哉？

舍与得之间的抉择是一种生活的艺术，亦是一种人生哲学。是否舍得就看我们的慧量是多少了。

有这样一个寓言，颇有警示意义。

很久以前，城郊有一座葡萄园，果实甘甜，每到成熟季节，都会有很多人前来采摘，而每每此时，都会有一只鸟儿盘旋在葡萄园上方。如果有人伸手去摘葡萄，这只鸟就会大叫不停，仔细听那声音，似乎是"我所有……我所有"，因此，人们给它取了一个十分滑稽的名字——"吝啬鸟"。

这年，葡萄园大丰收，前来采摘的人比往年多了一倍。吝啬鸟叫得凄厉异常，但人们对此早已司空见惯，根本不去理会。最后，由于日复一日地啼叫，吝啬鸟累得咳血而亡。

又说数十年前，城中住着一位年轻人，他在父母过世以后继承了大笔财产。对他而言，钱财就是一切，他每天计算着自己的财产数量，甚至连城郊葡萄园的收成也计算在内，只盼望能够越多越好。

在他看来，多一个人就会多一份消耗，所以他一生没有娶妻生子。终老以后，由于他的财产无人继承，所以便全部没入了国库。

吝啬鸟的前世就是这位年轻人。他虽已转世为鸟，但仍未改吝啬之习，仍想霸着葡萄园不放，乃至累得咳血而亡。

我们之中有些人也是这样，到手的东西便紧紧抓着不放，不肯与人分享丝毫，这样的人其实是贫穷的。既然你所拥有的已经超过你所需要的，那么为何不能让更多真正需要的人"沾沾光"呢？若是这样，我们就一定能够赢得人格上的富足。

修行之人说，人执我所有，悭贪不能舍；纵以是生护，亦为

无常夺。

"我所有"就是我所有的房屋、眷属、家产,这些身外之物可以利用它来维持我们的生命;而修行人所需要的仅是菜饭饱、布衣暖足矣,如贪求无厌,吝惜不舍,一旦失落,难免会像"吝啬鸟"那样哀叫致死。

修行之人还说,人所有财物为五家所有。哪五家呢?为水所漂,为火所烧,为贼所盗,为子所败,为官府所抄。其实婆娑世界里的一切都不是用来拥有的,而是用来舍的,一个人舍下一切则是真正的壮大,无牵无挂;一个人拥有一切便是沉沦苦痛的深渊。学会舍弃,免于物欲的奔逐、事物的执迷,才能获得人生的自在与豁达。

其实生活中那些不懂割舍的人往往什么都得不到,一如那些斤斤计较之人永远也体会不到真正的快乐一样。人生在世,我们所得越多,心灵就越容易迷失,进而找不到人生的正确方向。而有得有失、有取有舍,才是真正的生活。人生,真的不需要那么多无谓的执着,也没有什么真的不能割舍。唯有懂得适时舍弃,生活才会变得更加简单、快乐。

其实所谓得与失,到头来根本就是一无所得,也一无所失,我们又何必固执于此,伤身伤心?那岂不是愚蠢至极!

## 调整角度，就会幸福

同样的一件事，会有很多种解决方法，同样的人生亦有很多种活法可选择。我们说坚持就是胜利，但若是选择了努力的方向，则再怎么付出也是枉然。若如此，就该果断地选一条新路，懂得适时地放弃，其实也是一种进步。

如果方向错了的话，越是努力，距离真正的目标就越远。这时候是考验我们内心的时候。壮士断腕、改弦更张，从来都是内心勇敢者才能做出的壮举。懂得坚持和努力需要明智，懂得放弃则不仅需要智慧，更需要勇气。若是害怕放弃的痛苦，抱残守缺，心存侥幸，必将遭受更大的损失。

有这样一个可笑的故事。

两个贫苦的樵夫在山中发现两大包棉花，二人喜出望外，棉花的价格高过柴薪数倍，将这两包棉花卖掉，可保家人一个月衣食无忧。当下，二人各背一包棉花，匆匆向家中赶去。

走着走着，其中一名樵夫眼尖，看到林中有一大捆布。走近细看，竟是上等的细麻布，有十余匹之多。他欣喜之余和同伴商量，一同放下棉花，改背麻布回家。

可同伴却不这样想，他认为自己背着棉花已经走了一大段路，如今丢下棉花，岂不白费了很多力气？所以坚持不换麻布。前者在

屡劝无果的情况下，只得自己尽力背起麻布，继续前行。

又走了一段路，背麻布的樵夫望见林中闪闪发光，待走近一看，地上竟然散落着数坛黄金，他赶忙邀同伴放下棉花，改用挑柴的扁担来挑黄金。

同伴仍不愿丢下棉花，并且怀疑那些黄金是假的，遂劝发现黄金的樵夫不要白费力气，免得空欢喜一场。

发现黄金的樵夫只好自己挑了两坛黄金和背棉花的伙伴赶路回家。走到山下时，无缘无故下了一场大雨，两人在空旷处被淋了个湿透。更不幸的是，背棉花的樵夫肩上的大包棉花吸饱了雨水，重得无法再背动。那樵夫不得已，只能丢下一路辛苦舍不得放弃的棉花，空着手和挑黄金的同伴向家中走去……

当机遇来临时，不一样的人会做出不同的选择。一些人会单纯地选择接受；一些人则会心存怀疑，驻足观望；一些人固守从前，不肯做出丝毫新的改变……毫无疑问，这林林总总的选择，自然会造就出不同的结果。其实，许多成功的契机，都是带有一定隐蔽性的，你能否做出正确的抉择，往往决定了你的成功与失败。

有时候，倘若我们能够放下一些固守，甚至是放下一些利益，反而会使我们获得更多。所以，面对人生的每一次选择，我们都要充分运用自己的智慧，做出准确、合理的判断，为自己选择一条广阔道路。同时，我们还要随时随地观心自省，检查自己的选择是否存在偏差，并及时加以调整，切不要像不肯放下棉花的樵夫一样，时刻固守着自己的执念，全不在乎自己的做法是否与成功法则相抵触。

学会适时放弃，就如同打牌一样，倘若摸到一手坏牌，就不要再希望这一盘是赢家，懂得撒手，不要再去浪费自己的精力。当然，在牌场上，有很多人在摸到一手臭牌时会对自己说，这盘肯定要输了，干脆不管它了，抽口烟、喝点水、歇口气，下盘接着来。但是，在真实生活中，像打牌时这般明智的人却很少找到。

## 学会放弃，才能得到

在很多时候，放弃是一种解脱，放弃是一种量力而行，明知得不到的东西，何必苦苦相求，明知做不到的事，何必硬撑着去做呢？就像拿着鸡蛋去碰石头，不是自取灭亡吗！

王倩今年 31 岁，专科毕业后，在一家建筑设计院工作。当初毕业前她来这家设计院实习时，由于勤奋踏实，表现不错，所以尽管设计院当时已经超编，但是院长还是顶着压力聘用了她。由于当时编制所限，只能安排她做资料员，但是院领导多次找她谈话，暗示她这只是暂时的，希望她不要有压力，要多钻研业务，院里缺的是设计精英，根本不缺资料员，只要她能表现出自己的实力，一有机会就马上将她调出资料室。可是王倩却不这么看，她觉得自己之所以受到"冷遇"，所谓的编制问题只不过是一个借口而已，其实是别人觉得她文凭太低。于是她从一开始当资料员那天起，就厌烦这个工作，因为这离她的理想太远，她想做设计工程师，可是她设计的几个工程，无一例外地都被否定了。她很虚荣，总想在设计院出人头地，看走业务这条路不行，她就想在学历上高人一头，于是一心想考研究生，甚至还规划好了研究生读完再读博士。

可是现实与理想之间毕竟是有着很大差距的，由于底子太差，王倩连续考了三年都没有考上研究生。于是院领导就找她谈话，想鼓励她多钻研点业务，拿出过硬的设计方案来，争取将来能转为设计师。实际上，设计院当时已经有了一个专业设计人员名额，院领导对她真可谓是用心良苦了。但是她权衡来权衡去，觉得还是应该先把硕士学位拿下来再搞业务比较好。她觉得，反正自己已经是设计院的人了，搞专业什么时候都可以，就算再来新人也得在她后面吧，否则自己的专科文凭将使自己在设计院永远抬不起头来。

但是她错了，设计院本来就是一个萝卜一个坑，每个人都要能踢能打，长期放着这么个不出彩的人，不但同事怨声载道，领导也开始着急了。就在这时，来了一个实习生，设计出来的方案很有新意，院领导犹豫再三，最后还是把这个实习生要来了。按理说，如果王倩此时及时醒悟还是来得及的，但是这时候，她正专心致志地沉浸在她的那些英文单词里。她甚至和同事说，她学英语好像开窍了。那时她的确非常刻苦，走到哪里都戴着耳机，还经常把自己锁在资料室里，谁敲门也不开，别人找材料，只能打电话给她。

终于有一天，院长非常客气地找她谈话，委婉地表示：设计院虽然有很多人，但每个人在各自领域中都必须具有自己的贡献值和不可替代性，可是她却一点也没有，没有人能长久容忍一个出工不出力的人，所以她从现在起待岗了。

在那种竞争激烈的环境下，王倩为自己不切实际的"志"付出了巨大代价。她曾是那样地喜欢设计院，喜欢这个职业，别人也给了她这个机会。但不幸的是，她没有把它做好。她的失误就在于她没有及时放弃自己的"理想"，而是固执地"一条道走到黑"。

固执之人，即使目标错了，仍要奋力向前，而且自以为意志坚定、态度坚决，因此，导致的恶劣后果可能比没有目标或犹豫不前更可怕。这种盲目心理能让人付出惨重的代价。固执带给人的是失败,而不是成功的幸福。为了事业的成功,或者人生的成功,勇往直前,这本来是件好事,然而一旦走错了路,又不听别人的劝告,不肯悔改,结果就会与自己的奋斗目标南辕北辙。

所以很多时候,面对失败,面对不如意,我们不必抱残守缺,我们应该学会放弃,放弃眼前的残局,去寻找另一条路,我们有希望把人生的风景翻到更美好的一页。舍弃,需要勇气,也需要智慧。

## 人生不是比赛,尽力就好

每个人都有自己的抱负,志存高远也无可厚非。但如果将目标定得太高,实现起来难度太大或者说根本实现不了,就会令自己郁郁寡欢,这俨然是在自寻烦恼。

的确,现代社会是个压力巨大的社会,为避免在竞争中遭到淘汰,就要不断提高对自己的要求,但上进归上进,还是不要给自己太大压力的好。事实上,压力既是推动人前进的"推进器",也会变成破坏人生的"定时炸弹"。

犹记得 2000 年悉尼奥运会的一个场景,那是气手枪射击决赛第八发射地,赛场气氛似乎到了窒息的程度。中国队选手陶璐娜的手在颤抖,枪口在晃动。果然,陶璐娜只打了 9.4 环。

赛后,教练孙盛伟表示说,在一般的世界大赛决赛上,射击运

动员的脉搏约为每分钟130次,而这场比赛中,运动员的脉搏则达到了160次左右!陶璐娜的气手枪重量为1100多克,扣扳机的力量在500克以上。靶心的那个黑点直径为10毫米,0.1环的差距仅仅是0.5毫米。胜负成败就在细微差别之中。所以,射击比赛对运动员的心理要求非常高,任何细小的情绪波动都将反应到手腕上、枪口上,并在黑色的靶心上留下不能抹去的印记。所以,运动员最好不要苛求自己。以平常心应战,这才是比赛胜利的不二法门。

  过高地要求自己,需要拼尽全部的心力,却未必能够得到满足,这样,奋斗的过程只剩下压抑感和紧张感,乐趣全失。时间一久,内心便会产生无法排解的疲劳感,整个人就像被蠹空的大树,虽然外面看起来粗壮,稍遇大风雨就会拦腰折断。

  人其实是一种很简单的生物,事情做成了就高兴,失败了就生气。既然如此,何必把要求定那么高呢?辛弃疾在《沁园春·戒酒》词中有两句话:"物无美恶,过则为灾。"对自己的要求也是这样。严格要求自己,永不满足,不断上进,本是人生的进步动力,然而,给自己设下过高的目标,太过严厉地要求自己,能否达成目标不说,最起码会失去很多人生的乐趣。股神巴菲特对此深有感悟,他在提到自己的行动指南时说:"我专挑那种1尺的低栏,而避免碰到7尺的跳高。"这是一种很现实的说法,也很适用于我们的生活,因为人不是芝麻,不会越榨越出油。没有人可以无所不能,铁人也有疲惫的时候。所以对我们来说,量力而行,不强求,不强取,过平常人的安稳日子,或许正是一种不错的选择。

  当然,降低要求不是放纵堕落,而是指对自身能力、对能力所能取得的成果,对什么是人生乐趣做出一个合适的判断与取舍。因为,漠视个人能力的局限,一味死撑,只会劳而无功;不比较奋斗成果和所得乐趣,你永远都不知道自己的奋斗值不值得。

说到底，人生毕竟是旅途，不是谁设定好的竞赛。努力拼搏，就像在人生路上猛跑；降低要求就是放慢脚步，去看看路边的风景。终点撞线的荣光固然可羡，路边的风景也是同样的美丽，甚至更有价值。

## 潇洒来去，苦乐皆成人生美味

在人生旅程中，的确有很多东西都是靠努力打拼得来的，因其来之不易，所以我们不愿意放弃。比如让一个身居高位的人放下自己的身份，忘记自己过去所取得的成就，回到平淡、朴实的生活中去，肯定不是一件容易的事情。但是有时候，你必须放下已经取得的一切，否则你所拥有的反而会成为你生命的桎梏。

生命的整个过程总不会是一帆风顺，成与败，得与失，都是这过程的装饰，一路走来繁花似锦也好，萧瑟凄凉也罢，终究会成为过眼云烟，重要的是自己心里的感受。

《茶馆》中常四爷有句台词："旗人没了，也没有皇粮可以吃了，我卖菜去，有什么了不起的？"他哈哈一笑。可孙二爷呢："我舍不得脱下大褂啊，我脱下大褂谁还会看得起我啊？"于是，他就永远穿着自己的灰大褂，可他就没法生存，他只能永远伴着他那只黄鸟。

生活中，很多人舍不得放下所得，这是一种视野狭隘的表现，这种狭隘不但使他们享受不到"得到"的幸福与快乐，反而会给他

们招来杀身之祸。秦朝的李斯就是这样的一个很好的例证。

李斯曾经位居丞相之职，一人之下，万人之上，荣耀一时，权倾朝野。虽然当他达到权力地位顶峰之时，曾多次回忆起恩师"物忌太盛"的话，希望回家乡过那种悠闲自得、无忧无虑的生活，但由于贪恋权力和富贵，所以始终未能离开官场，最终不但身首异处，而且殃及三族。李斯是在临死之时才幡然醒悟的，他在临刑前，拉着二儿子的手说："真想带着你哥和你回一趟上蔡老家，再出城东门，牵着黄犬，逐猎狡兔，可惜，现在太晚了！"

心理专家分析，一个人若是能在适当的时间选择做短暂的"隐退"，不论是自愿的还是被迫的，都是一个很好的转机，因为它能让你留出时间观察和思考，使你在独处的时候找到自己内在的真正的世界。尽管掌声能给人带来满足感，但是大多数人在舞台上的时候，却没有办法做到放松，因为他们正处于高度的紧张状态，反而是离开自己当主角的舞台后，才能真正享受到轻松自在。虽然失去掌声令人惋惜，但"隐退"是为了进行更深层次的学习，一方面挖掘自己的潜力，一方面重新上发条，平衡日后的生活。

作家尹萍曾经做过杂志主编，翻译出版过许多知名畅销书，她在40岁事业最巅峰的时候退下来选择了当个自由人，重新思考人生的出路。后来她说："在其位的时候总觉得什么都不能舍，一旦真的舍了之后，才发现好像什么都可以舍。"

事实上，全身而退是一种智慧和境界。为什么非要得到一切呢？活着就是老天最大的恩赐，健康就是财富，你对人生要求越少，你的人生就会越快乐。对于我们这些平凡人来说，能怀一颗平常善良之心，淡泊名利，对他人宽容，对生活不挑剔、不苛求、不怨恨。富不行无义，贫不起贪心，这就是一种人生的练达。

得失成败，人生在所难免；潇洒来去，苦乐皆成人生美味。

# 3

# 痛苦不是拥有的太少，而是想要的太多

放得下，是因为能看得开。而看得开，要仰仗于两个方面：一要心足够大，一要阅历足够沧桑。其实阅历沧桑了，心也就大了。概括到一点上，就是心要辽阔。心辽阔了，人生才能辽阔。放下了，也不是不在乎了，有些东西还是要，有些事情还要坚持。辽阔给予人的意义是，它可以让你看到，执于欲念的疼痛是可以消解的。

# 哀莫大于求而不得、舍而不能

"你知道蚂蚁的幸福是什么？""知道，胃口小，不贪婪。我们知足，别人吃一碗都不饱，我们有一粒儿就乐半年。"这就是钱小样的幸福观。这个背着米老鼠背包，梳着两条发辫的钱小样在荧屏上飞扬洒脱，感动了无数的人。是啊，知足者常乐，知足者才能够体会到当下的幸福。在这短暂的生命里，何必为了追求一些得不到的东西，而舍弃当下的幸福呢？西班牙和美国心理学家在1992年巴塞罗那奥运会田径比赛场上，用摄像机拍摄了20名银牌获得者和15名铜牌获得者的情绪反应。心理学家们研究发现，在冲刺之后和在颁奖台上，第三名看上去反而比第二名更高兴。

研究人员对这一现象进行了分析，最后得出的结论是：因为铜牌获得者通常对自己的期望值并不是很高，获得铜牌也许就是他为自己制定的目标，也许是他根本没有期望获得多么好的成绩，不管怎样都是一个惊喜，所以已经很高兴了；而银牌获得者的目标通常可能就是金牌，没有夺冠当然就会觉得多少有一些遗憾、有一点难过。

而事实也正是如此，每当记者在领奖之后采访获奖运动员的时候，许多亚军几乎都会说，本来有希望成为冠军的。但是季军获得者却会因为自己已经闯入了前三名而感到很知足。其实，我们每个人都应该懂得知足，为了给自己正确定位目标，才能够成为主宰自己情绪的人。你站在什么位置上看问题，决定了你的人生态度。不要为自己不能够实现的愿望而灰心，甚至丧失了坚持的勇气。循序渐进地看问题，没有什么能够成为阻挡你快乐成功的绊脚石。

所以，我们不要去追求那些得不到的东西，不要制定一些不符合实际情况的目标。如果你的成绩不及格，那么请先把目标定到及格上，而不是满分。只有懂得知足才能够享受到当下生活的乐趣。

学会知足，这是对人性的修炼。学会它，人生的道路上就会充满阳光，什么时候都生活在温暖中，惬意将是整个人生的主要背景，而人生就是一曲欢快、热情而奔放的交响乐。

珍惜自己拥有的，懂得知足，我们才能够快乐。如果一辈子只是不停地追求那些得不到的东西，那么我们就会丢失当下的美好。

知足能够带给我们一种欢畅、一种轻松，同时也是一种快乐的享受。这种享受就是在你的身边，只要你愿意伸出手去，你就能够拥有它。从现在开始，请忘记那些你得不到的东西，珍惜你所拥有的，享受知足者的快乐吧！

# 攥在自己手里的，才是实实在在的幸福

人们常会出现这样一种错觉，认为那些得不到的东西才是最好的，总觉得那些够不着的东西才是最想要的。在这样一种错觉影响

下，我们总是不停地仰望，不停地寻找。仰望那些看似离我们很近，实际遥遥无期的东西，寻找那镜中花、水中月。

事实上，得不到的东西未必就不可或缺。我们之所以认为它美好，只是因为在我们的思想里面常常有某种欲望，当这种欲望不能够得到满足的时候，就加倍地渴望，甚至是把它视为完美的想象，刺激我们去征服。然而，这实际上是一种煎熬。在镜花水月的迷惑下，很多人丢失了生命的真实，把生活变成了一种折磨。

有一位小学老师，一直以来过着安分守己的日子。有一天，一位从来也没有听说过的远房亲戚在国外死去了，临终指定他成为遗产继承人。

那遗产就是一个价值万金的高档服饰商店。这位老师欣喜若狂，开始忙碌着为出国做各种准备。等到一切准备就绪，即将动身，他又得到通知，一场大火烧毁了那个商店，服饰也全部变为了灰烬。

这位老师空欢喜一场，重新返回到学校上班。他似乎也变成了另外一个人，整日愁眉不展，逢人便诉说自己的不幸："那可是一笔很大的财产啊，我一辈子的工资还不及它的零头呢。"

"你不是和从前一样，什么也没有丢失吗？"他的一个同事问道。

"这么一大笔财产，怎么能够说什么也没有失去呢？"小学老师心疼地叫起来。

"在一个你从来都没有到过的地方，有一个你从来都没有见过的商店遭了火灾，这与你有什么关系呢？"那个同事劝他看开些。

可是不久以后，这位小学老师还是得了忧郁症死去了。在他没有得到的时候，他总是认为拥有了那个高档服装店之后的生活会是多么的完美无缺，于是在这种想象当中就被折磨而死了。如果他换一种心态，不对那个高档服饰店过于期盼的话，也许就不至于落得如此悲惨的下场。

其实，如果一味地贪恋从来没有拥有过的东西，那么就会让自己被那些无谓的占有欲弄得闷闷不乐。未曾拥有的东西终究是虚无缥缈的，没有它，一样可以安安心心地活下去，甚至会活得更轻松、更美好。

一个男孩曾经爱上了一个女孩，他想尽办法讨女孩子的欢心。他认为女孩子是他心目当中的女神，天使一般地温柔、漂亮、体贴、可爱。他总是千方百计地打听女孩子的喜好，尽量满足她的需求，每天都是这样，不辞劳苦。

可是，女孩子的心里已经有了别的男孩子，就一直没有答应他，一次次地拒绝他。越是这样，男孩子就越把她想象得更加美好，摆出一副非她不娶的架势。

终于，男孩子用了半年的时间追上了那个女孩子。这个时候，女孩子处于失恋的状态。男孩和女孩子相处的时候，才发现女孩子并没有他想象中那么完美。

交往之后，他才发现女孩子睡觉的时候习惯打呼噜，男孩子很是不悦。

终于有一天，女孩子如母老虎般地对男孩子大发脾气，男孩子也下定决心要离开她。他实在不能忍受她的种种毛病，他想，表面看上去如此一个完美的女孩子，怎么会是这样的呢？

于是男孩子长叹一声，说："真是想象欺骗了我啊。"有些东西当我们得不到的时候，我们总是对其充满了幻想；等我们得到之后，很容易就发现了它的缺点，然后自然也就失去了兴趣。我们的心态往往就是这样，喜欢费尽心思去追求不属于自己的东西；真的得到了，就会放在眼前不屑一顾了；等失去了再去后悔，那个时候就显得太晚了。

行走红尘，别迷失了方向，别被不切实际的想法左右了行动，给心灵腾出一方空间，给人生腾出一条宽路，让那些够得着的幸福安全抵达。记住，攥在自己手里的才是实实在在的幸福。

## 事情是这样，就不会是别的样子

在很多时候，很多人都会这么想，如果我能够出生在一个富贵的家庭就可以衣食无忧了；如果我能够再漂亮一点儿，那么我喜欢的那个男孩子说不定就会看上我了；如果我积累的资金再多一些，那么我就可以开公司了……可是在生活当中并没有这么多的假设。面对这么多的不圆满，我们总是在生活的各种困扰当中挣扎不已。

这种态度显然是不对的，那么，该如何解脱？诗人惠特曼说："让我们学着像树木一样顺其自然，面对黑夜、风暴、饥饿、意外等挫折。"这不是所谓的逆来顺受，也不是不思进取，而是一种积极的人生态度。

偏远的山村，有一个樵夫去山上砍柴，结果一不小心跌下了山崖。就在这万分紧急的时候，他情急之中抓住了山腰上面的一棵树上横出的树干。值得庆幸的是这棵树比较结实，樵夫并没有掉下山崖，被吊在了半空中。命暂时是保住了，但是怎么样才能够爬到悬崖的顶端呢？

这个悬崖光秃秃的，没有可以抓的地方，而且还很高，人是爬不上去的；下面则是崖谷，跳下去的话也会丧命。无奈的樵夫只有在那里等待别人的救助。

这个时候刚好有一个老人路过，老人告诉他不如放手吧：樵夫质疑老人说："放手，那我就掉下去了啊，有可能会没命的。"

老人说："既然你现在不能上去，也就是说上去而获得生命的可能性没有了。在空中吊着早晚是会死的，那还不如跳下去，说不定还能存活下来呢。因为说不定你会在半途中被另一棵树挡一下，减少一些冲力；或者是会抓到某一块石头，这样还是会有生的机会的。虽然也许可能会死，但是生的可能性会增加。"

在不能够更改的事实面前徒劳地挣扎，这是一种非常愚蠢的做法。人要上进，但并不是每个人都有反抗命运的能力。如果无力反抗，那么，安然坦然地接受命运的安排，自在自得地度过每一天，不也是一种力量的体现吗？

在荷兰首都阿姆斯特丹一座15世纪教堂的废墟上面刻着这样一行字："事情是这样，就不会是别的样子。"在生活中，每个人都会碰到一些令人不快，甚至是痛苦的事情，它们既然是这样，那么就不可能是别的样子，但是我们也可以有所选择。我们可以把它们当作是一种不可避免的事情加以接受，并且适应它；或者干脆就让忧虑和抱怨毁掉我们的生活。

要乐于承认事情就是如此，能够接受发生的事实，就是能够克服随之而来的任何不幸的第一步。

# 人生容量有限，装不下那么多奢华

有人在锦衣玉食、夜夜笙歌中寻找幸福；有人在以苦为乐、脚踏实地地实现自我价值的过程中体验着幸福；有人看重物质享受，有人在乎精神层面的纯净。正因为对于幸福的理解上的差异，最终导致了人们的地位不同。

其实，幸福本是人内心深处的一种感觉，不管你用什么心态去理解，感觉都不会欺骗人。正因为如此，幸福才不会因为你物质上多么富有而偏袒你。也就是说，真正的幸福与物质无关，有时甚至钱越多，离幸福越遥远。

有一位长年住在山中的印第安人因为特殊机缘，接受了一位纽约友人的邀请，前往纽约做客。

当纽约友人领着印第安朋友走出机场，正要穿越马路时，印第安人对着纽约友人说："你听到蟋蟀的叫声了吗？"

纽约友人大笑："您大概坐飞机坐太久了，这机场的引道连接着高速公路，怎么可能有蟋蟀呢？"

又走了两步，印第安朋友又说："真的有蟋蟀！我清楚地听到了它们的声音。"

纽约友人笑得更大声了："您瞧！那儿正在施工打洞，机械的噪声那么大，怎么会听得到蟋蟀声呢？"

印第安朋友二话不说，走到斑马线旁安全岛的草地上，翻开了一段枯死的树干，便招呼纽约友人前来观看那两只正在高歌的蟋蟀！

纽约友人露出不可置信的表情，直呼不可能："你的听力真是太好了，能在那么吵的环境下听到蟋蟀的叫声！"

印第安朋友说："你也可以啊！每个人都可以的！我可以向你借点零钱来做个实验吗？"

"可以！可以！我口袋中大大小小的铜板有十几元，您全拿去用！"

纽约友人很快把钱掏给印第安友人。

"仔细看，尤其是那些原本眼睛没朝我们这儿看的人！"说完，印第安友人把铜板抛向柏油路。突然，有好多人转过头来，甚至有人开始弯下腰来捡钱。

"您瞧，大家的听力都差不多，不一样的地方是，你们纽约人专注的是钱，我专注的是自然与生命。所以听到与听不到，全然在于有没有专注地倾听。"

欲望越小，你对生命的价值与幸福就会越专注，它是针对欲望越大人越贪婪、越易致祸而言的。"身外物，不奢恋"，这是思悟后的清醒。谁能做到这一点，谁就会活得轻松，过得自在。只是有很多时候，为了满足一下虚荣心，我们会不计后果地去做许多奢侈之事。

我们总是把拥有物质的多少、外表形象的好坏看得过于重要，用金钱、精力和时间换取一种令人羡慕的优越生活，却没有察觉自己内心的痛苦和劳累。事实上，只有真实的自我才能让人真正地容光焕发。当你只为内在的自己而活，并不在乎外在的虚荣时，幸福感才会润泽你干枯的心灵，就如同雨露滋润干涸的土地。

我们的需求越少，得到的自由就越多。正如梭罗所说："大多数豪华的生活以及许多所谓的舒适的生活不仅不是必不可少的，反而是人类进步的障碍，对比豪华和舒适，有识之士更愿过单纯和粗陋的生活。"简朴、单纯的生活有利于清除物质与生命之间的樊篱，为了认清它，我们必须从清除身边的琐事开始，认清我们生活中出现的一切，哪些是我们必须拥有的，哪些是必须舍弃的。

人生的容量是有限度的，通常应该是多一份舒畅，少一份焦虑；多一份真实，少一份虚假；多一份快乐，少一份悲苦。外界生活的简朴会带来我们内心世界的丰富，从而使我们变得更敏锐，更能真正深入、透彻地体验和理解。

## 布衣茶饭，也可乐终身

浮躁的人往往难以按捺那颗浮躁的心，于是不断去争、去取、去掠、去夺，然而，成功和满足却依旧离他们那样遥远。即便真的很困、很累、很疲倦，但却从不肯让自己歇息片刻，而这一切只是为了"知足"。殊不知，凡事没有最好，只有更好，若是得陇望蜀，那么就永远也无法获得满足。

或许，对于物质的追求真的很难放下，不知道怎样让自己释怀，其实很简单——让自己的心淡然一些，就像古希腊那位大哲学家苏格拉底那样。

苏格拉底还是单身时，曾和几个朋友挤在一间只有七八平方米的房子里，但他却总是乐呵呵的。有人问他？"和那么多人挤在一起，连转个身都困难，有什么可高兴的？"

苏格拉底回答："朋友们在一起，随时都可以交流思想，交流感情，难道不是值得高兴的事情吗？"

过了一段时间，朋友们都成了家，先后搬了出去。屋子里只剩下苏格拉底一个人，但他仍然很快乐。那人又问："现在的你，一个人孤孤单单，还有什么好高兴的？"

苏格拉底又说："我有很多书啊，一本书就是一位老师，和这么多老师在一起，我时时刻刻都可以向它们请教，这怎么不令人高兴呢？"

几年以后，苏格拉底也成了家，搬进了七层高的大楼里。但他的家在最底层，底层的境况非常差，既不安静，也不安全，还不卫生。那人见苏格拉底还是一副其乐融融的样子，便问："你住这样的房子还快乐吗？"

苏格拉底说："你不知道一楼有多好啊！比如，进门就是家，搬东西方便，朋友来玩也方便，还可以在空地上养花种草，底层有很多乐趣呀，只可意会，无法言传。"

又过了一年，苏格拉底把底层的房子让给了一位朋友，因为这位朋友家里有一位偏瘫的老人，上下楼不方便，而他则搬到了楼房的最高层。苏格拉底每天依然快快乐乐。那人又问他："先生，住七楼又有哪些好处呢？"

苏格拉底说："好处多着呢！比如说吧，每天上下几次，这是很好的锻炼，有利于身体健康。光线好，看书写字不伤眼睛。没有人在头顶干扰，白天黑夜都非常安静。"

你看，若是这样，那世间还有什么事能烦到我们？其实，知足

无非是在一念之间,如果得到了生命中的正常所需,我们感到满足,那么快乐会随之而来;相反,倘若所求过多,永远不肯停止索求的脚步,那么我们将很难感受到快乐。一个快乐的人未必要多富有、多有权势,快乐的理由很简单——懂得知足。知足会让生活变得更加简约,会卸去那些不必要的负担,开阔人的视野、放松人的身心,使我们活出真正的自己、享受真实的自己,从而过上轻松惬意的生活。

其实,布衣茶饭,也可乐终身。人生在世,贵在懂得知足常乐。我们要持有一颗豁达、开朗、平淡的心,在缤纷多变的生活中,拒绝各种诱惑,让心境变得恬适,生活自然也就愉悦了。而之前我们之所以烦恼重重,就在于不知足,整天在欲望的驱使下,忙忙碌碌地为着自己所谓的"幸福"追逐、焦灼……结果却并非所想。其实人生短短数十载,真的没有必要给自己的心灵增加太多的负担,更没有必要对生活产生太多的不满。生活免不了存在缺陷,只要能够珍惜"我所有",以一颗知足、平常的心寻找生活中快乐的亮点,我们的内心就一定能够阳光永驻。如此,生活就不会再那般沉重。

## 达士知处阴敛翼,而巉岩亦是坦途

进有时便是退,退有时便是进。常言道:"进一程风高浪急,退一步海阔天空。"懂得功成身退、见好即收的道理,会让人终生受益。

　　张良与萧何、韩信并称为"汉初三杰"，他熟悉兵法，一生以谋略见长，是刘邦的主要谋士之一。若没有他，刘邦能否建立汉朝就得打上问号。是他设计攻占秦国首都咸阳；是他设计帮助刘邦逃脱鸿门宴上的杀身之祸；是他英明决断火烧栈道；是他及时阻止了刘邦准备封赏六国后代的计划；也是他力排众议，在楚汉议和后彻底消灭了项羽；还是他帮助刘邦在得天下后镇抚各将士，建都长安，稳固了汉朝的江山社稷。可就是这样一位开国功臣却没有居功自傲，不仅拒绝了封赏给他的三万户领地，还身体力行了老子所讲的"功遂，身退，天之道"的思想，不倚仗功劳让自己成为显赫家族，而是闭门不出，潜心学道，以引退的方式来表明他的人生哲学。

　　那么，张良此举是否就是在逃避人生呢？答案是否定的。从他晚年为使汉朝免于宫廷内战，为保持社会稳定而帮助太子刘盈请出"商山四皓"的事例中即可见其是以一种更超然的方式来参与朝中大事的。这位早年在下邳向黄石公学习《太公兵法》的隐者，深深明白"达士知处阴敛翼，而巉岩亦是坦途"的道理，亦懂得"谢事当谢于正盛之时"才是"天之道"。

　　能功成名就者肯定都是聪明人，但能急流勇退者却不是仅有聪明就能做到的，因为"由俭入奢易，由奢入俭难"。急流勇退，放弃的只是一些名利等身外之物，于人于己皆无损，而得到的却是超然人品、自然之心，于人于己皆有益，何乐而不为？

　　明人许相卿说："富贵怕见花开。"此语殊有意味。言已开则谢，适可喜正可惧。做人要有一种自惕惕人的心情，得意时莫忘回头，着手处当留余步。此所谓"知足常足，终身不辱，知止常止，终身不耻"。

　　有一"柔道王"在连续斩获200场胜利以后，突然宣布退役，

转而去做了一名教练，但当时他尚未到而立之年。

人们对他的选择颇为不解，都以为"柔道王"出了什么问题，一时间众说纷纭。直到后来，"柔道王"在与朋友谈心时才道出了个中缘由，他说："我当时明显感觉到自己的巅峰状态已经过去，而且求胜欲望也大不如以前强烈，既然如此我又何必硬撑下去呢？还不如急流勇退，给人们留下一个美好的回忆。"

酒极则乱，乐极则悲，万事尽然。乐极生悲，概括地讲，是一个人对生命的热爱和留恋而生出的惘然和悲哀；是一个人对生活中好花不常开、好景难常在的无奈和怅怀。人的情绪很难停驻在一种静止的状态，人对世事盛衰兴亡的更替习以为常之后，心境喜怒哀乐的轮回变换也成为了自然，人在纵情寻乐之后，随之而来的往往是莫名其妙的空虚伤怀，推之不去，避之不开，因为欢乐和惘怅本来就首尾相接。所以庄子在"欣欣然而乐"之后感叹："乐未毕也，哀又继之。"人只有在生命的愉悦中才能体会真正的悲哀。所以，真正的丧亲之痛，不在丧亲之时，而在阖家欢宴，或睹旧物思亡人的那一瞬间。

人在悲中不知悲，痛定思痛是真痛。做人，需要适可而止，见好便收，尤其是面对功名利禄时，更要保持这样一份淡然。

# 4

## 当眼泪流下来，才知道，分开也是另一种明白

当木头爱上烈火注定会被烧伤……爱情不是人生中一个凝固的点，而是一条流动的河。一段不被接受的爱情，需要的不是伤心，而是时间，一段可以用来遗忘的时间。一颗被深深伤了的心，需要的不是同情，而是明白。

## 教会你舞步的人，未必能陪你走到散场

爱情中，聚聚散散、离离合合是一个很正常的事，一如四季交替，阴晴雨雪。一段爱情，未必就是一个完整的故事，故事发生了也未必就会是一个完美的结局。对于爱情，我们不要将它视为不变的约定，曾经的海誓山盟谁又能保证它不会成为昔日的风景？

晓寒和东阳是华南某名牌大学的高才生。他们俩既是同班同学，又是同乡，所以很自然地成了形影不离的一对恋人。

一天东阳对晓寒说："你像仲夏夜的月亮，照耀着我梦幻般的诗意，使我有如置身天堂。"晓寒也满怀深情地说："你像春天里的阳光，催生了我蛰伏的激情。我仿佛重获新生。"两个坠入爱河的青年人就这样沉浸在爱的海洋中，并约定等晓寒拿到博士学位就结成秦晋之好。

半年后，晓寒负笈远洋到国外深造。多少个异乡的夜晚，她虔诚地苦读，并以对爱的期待时时激励着自己的锐志。几年后，晓寒终于以优异的成绩获得博士学位，处于兴奋状态的她并未感到信中的东阳有些许变化。学业期满，她恨不得身长翅膀脚生云，立刻就飞到东阳身边。然而她哪里知道，昔日的男友早已和别人搭上了爱的航班。晓寒找到东阳后质问他，东阳却真诚地说："我对你已无往日的情感了，难道必须延续这无望的情缘吗？如果非要延续的话，你我只能更痛苦。"晓寒只好退到别人的爱情背面，默默地舔舐着自己不见刀痕的伤口。

或许我们会站在道义的立场上，为品德高贵、一诺千金的晓寒表示惋惜，但我们又能就此来指责东阳什么呢？怪只能怪爱本身就具有一定的可变性。

是你的就是你的，不是你的就不要强求，过分地执着伤人且又伤己。

聪明人之所以与众不同，就在于他们勇于放开胸怀接受好的一面，更敢于睁大眼睛不怕痛苦地正视坏的一面。他们深知，好的一面的好处众人皆知，坏的一面里蕴含的好处，不是每个人都可以知道的。

不要憎恨你曾深爱过的人，或许他还没有准备好与你牵手，或许他还不过是个不成熟的大孩子，或许他有你所不知道的原因。不管是什么，都别太在意，别伤了自己。你应该意识到，如此优秀的你离开他一样可以生活得很好。你甚至应该感谢他，感谢他让你对爱情有了进一步的了解，感谢他让你在爱情面前变得更加成熟，感谢他给了你一次重新选择的机会。他的背叛，或许正预示着你将迎接一个更美丽的未来。

# 自作多情是在乞求施舍

人活着，会有许多羁绊和许多欲望，这些东西要是拿掉了，人就会变得很轻松；如果总是背着，最终有可能累死在路上。生活原本是非常纯朴、简单的，学会舍弃自己不特别需要、对人生益处不大的东西，学会放手，保持一颗简单和明朗的心，你会觉得其实生活真的很美好。

人，正因为不懂得舍弃才会有许多痛苦。当自己有了舍弃和清理自己的智慧时，就会豁然开朗，生命会马上向你展现出另外一个截然不同的景致。

雪儿因为她爱的人娶了别人而一病不起，家人用尽各种办法都无济于事，眼看她一天天地消瘦下去，家人、朋友真是看在眼里，急在心里。

后来，她的妈妈便带她去看了心理医生。心理医生很快便找到了病情的症结，于是耐心开导她并说："其实喜欢一个人，并不一定要和他在一起。虽然有人常说'不在乎天长地久，只在乎曾经拥有'，但是并不是所有拥有的人都感觉到快乐。喜欢一个人，最重要的是让他快乐。如果你和他在一起他不快乐，那么就勇敢地放手吧！"

的确如此，喜欢一个人，就要让他快乐、让他幸福，使那份感情更诚挚。在心理医生的耐心开导下,雪儿变得开朗了,也不再郁郁寡欢,而她的病也一下子就没有了。

有些女孩常如此抱怨:"我很爱我的男朋友,为了他我愿意放弃任何东西,他喜欢的我都会去做,他不喜欢的我就不去做。我对他简直是好得不能再好,可他不是很爱我。我也觉得这样太没自我了,可是我真的无法想象我离开他的日子,我觉得我会死的,我总想有一天他也会很爱我的。"

当一个人因爱情迷失自我时,就放弃了得到认可和尊重的权利。经营婚姻和爱情,就像手中抓住的沙子,握得越牢,越容易流失。很多人为了经营爱情,放弃了很多,甚至放弃了事业,竭尽全力想抓牢这份爱,但终究失败了。一个人如果把自己的感情全部寄托在别人身上,舍弃了自尊、自我价值,幸福生活就没有保障。

《卧虎藏龙》里有一句很经典的话:"当你紧握双手,里面什么也没有;当你打开双手,世界就在你手中。"紧握双手,肯定是什么也没有,打开双手,至少还有希望。很多时候,我们都应该懂得放弃,放弃才会使自己身心愉快,才会使自己获得快乐!

有的时候路走错了,如果你毫无意识地继续走下去,那么你将会离目标越来越远,这个时候能够停下来就是进步。

# 放不开的手才最残忍

错了的,永远对不了。不该拥有的,得到了也不会带给你快乐。错位的感情即使得到了也不会幸福。所以,任何人在选择自己的爱人时都应该仔细想想,不要苛求那份本不该属于你的感情。现实是残酷的,一旦让感情错位,你所得到的结果就只会是苦涩。

王燕大学毕业后不久就与男朋友文华同居了,可是令她没有想到的是,文华竟背着她跟在法国留学的前任女友藕断丝连。后来在前女友的帮助下,文华很快就办好了去法国留学的签证,这时一直蒙在鼓里的王燕才知道事情的真相。就在她还未来得及悲伤的时候,文华已经坐上飞机远走高飞了。没有了文华,王燕也就没有了终成眷属的期待,她决心化悲痛为力量,将业余时间都用在学习上,准备报考研究生。她想充实自己,也想在美丽的校园里让自己洁净身心。

可是就在这时她发现,她怀上了文华的孩子,唯一的方法是不为人知地去做人工流产,而她的家乡并不在这里,她实在找不到可以托付的医院或朋友。

她的忧郁不安被她的上司肖科长发现了。一天,下班后办公室里只剩下王燕一个人时,肖科长走了进来。他盯着她看了好半天,突然问起了她的个人生活。这一段时日的忧郁不安使王燕经不起一句关切的问候，她不由得含着眼泪将自己的故事和盘托出。第二天肖科长便带她到一家医院，使她顺利做完了手术，又叫了一辆出租车送她回到宿舍，并为她买了许多营养品。

从那以后，她和肖科长之间仿佛有了一种默契，既已让他分担了她生命中最隐秘的故事，她不由自主地将他看作她最亲密的人了。有一天，她在路上偶然遇到肖科长和他爱人，当时正巧碰上他爱人正在大发脾气，肖科长脸色灰白，一声不吭。他见到王燕后，满脸尴尬。

第二天，肖科长与她谈到他的妻子，说她是一家合资企业的技术工人，文化不高，收入却不低，在家中总是颐指气使，而且在同事和朋友面前也不给他留面子，他做男人的自尊已丧失殆尽。说着说着，他突然握住她的手，狂热地说："我真的爱你。"她自认了解他的无奈和苦恼，也感激他对她的关心和帮助，虽然明知他是有妇之夫，但还是身不由己地陷了进去。

不知是出于爱的心理还是知恩图报，反正她从此成了他的情人，他对她说的最多的一句话就是："我是真的喜欢你，你放心，我很快就会办理离婚。"可是从来不见他开始行动。她心里明白，他不可能离开老婆孩子，但只要他真心爱她，她可以等待。

他们经常在办公室里幽会，时间一过就是两年，她无怨无悔地等了他两年。一天晚上，当肖科长正狂热地亲吻她时，办公室的门突然被撞开了。单位里另一个科的陶科长一声不吭地在门口站了一会儿，一言不发就走开了。肖科长顿时脸色惨白，惊慌失措，仓皇地离她而去。她预料到会有事情发生。果然，他捷足先登，到上级那里交代，他痛心疾首地说自己一时糊涂，没能抵挡住她投怀送抱的诱惑。

　　她气愤至极，赶到他家里要讨个说法。她毕竟涉世未深，她还是个女孩子。他爱人不明就里，把她让到书房。不一会儿，她看到肖科长扛着一袋大米回来了，一进门就肉麻地叫着他爱人的小名，分明是一位体贴又忠诚的丈夫，然后直奔厨房，系起了围裙。等他爱人好不容易有空告诉他有客人来了时，他甩着两只油手，出现在书房门口，一见是她，大张着嘴半天说不出一句话。

　　刹那间，她的心泪雨滂沱，为自己那份圣洁的感情又遭践踏，也为自己真心错许眼前这个虚伪软弱的男人，所有的话都没有必要再说，她昂首走出了房门。

　　自尊心很强的她带着一身的创伤，辞职离开了这个给了她太多伤心的城市，从此开始了漂泊的生活。

　　从古至今，无数痴情人在等待中度日如年，憔悴年华。他们执着地等待，是以为自己没有错，以为心诚能使铁树开花。然而在男女的特定关系中，最难用是非对错来衡量，有时等待是合理的，有时等待就是一种浪费。比如爱上有夫之妇或者有妇之夫，这样的等待，时间越长，伤害就越大。在婚外恋中，当事人并非不知什么是应该做的，什么是不应该做的，其实他们心中是雪亮的，只是有时是身不由己，有时是故意与自己过不去。

　　有句话说得好："在对的时间遇到对的人，得到的将是一生的幸福；在错误的时间里遇到错误的人，换回的可能就是一段心伤。"在感情的故事里，有些人你永远不必等，因为等到最后受伤的只会是自己。

第二辑 一舍一得人生事

## 在回忆里继续梦幻，不如转身走进天堂

爱情是两个原本不同的个体相互了解、相互认知、相互磨合的过程。磨合得好，自然是恩爱一生，磨合得不好，便免不了要劳燕分飞。当一段爱情画上句号，不要因为彼此习惯而离不开。抬头看看，云彩依然那般美丽，生活依旧那般美好。其实，除了爱情，还有很多东西值得我们为之奋斗。

放下心中的纠结你会发现，原本我们以为不可失去的人，其实并不是不可失去。你今天流干了眼泪，明天自会有人来逗你欢笑。你为他（她）伤心欲绝，他（她）却与别人你侬我侬，自得其乐，对于一个已不爱你的人，你为他（她）百般痛苦可否值得？

一个失恋的女孩在公园中哭泣。

一位老者路过，轻声问她："你怎么啦？为什么哭得这样伤心？"

女孩回答："我好难过，为何他要离我而去？"

不料老者却哈哈大笑，并说："你真笨！"

女孩非常生气："你怎么能这样，我失恋了，已经很难过，你不安慰我就算了，还骂我！"

老者回答说："傻瓜，这根本就不用难过啊，真正该难过的应是他！要知道，你只是失去了一个不爱你的人，而他却是失去了一个

爱他的人及爱人的能力。"

是的,离开你是他的损失,你只是失去了一个不爱你的人,离开一个不爱你的人,难道你真的就活不下去吗?不,这个世界上没有谁离不开谁,离开他你一样可以活得很精彩。请相信缘分,不久的将来,你一定可以找到一个比他更好,更懂得珍惜你的人。是的,与其怀念过去,不如好好把握将来。要相信缘分,未来你可能会遇到比他更好的,更懂得珍惜你的人!

有些事,有些人,或许只能够作为回忆,永远不能够成为将来!感情的事该放下就放下,你要不停地告诉自己:离开你,是他的损失!

肖艳艳一直困扰在一段剪不断、理还乱的感情里出不来。

但是该来的还是会来。周一的下午,在咖啡屋里,他们又见面了。吴清把咖啡搅来搅去,一副心事重重的样子。肖艳艳一直很安静地坐在对面看着他,她的眼神很纯净。咖啡早已冰凉,可是谁都没有喝一口。

他抬起头,勉强笑了笑,问:"你为什么不说话?"

"我在等你说。"肖艳艳淡淡地说。

"我想说对不起,我们还是分开吧。"他艰涩地说,"你知道,这次的升职对我来说很重要,而她父亲一直暗示我,只要我们近期结婚,经理的位子就是我的。所以……"

"知道了。"肖艳艳心里也为自己的平静感到吃惊。

他看着她的反应,先是迷惑,接着仿佛恍然大悟了,忙试着安慰说:"其实,在我心里,你才是我的最爱。"

肖艳艳还是淡淡地笑了一下,转身离开。

一个人走在春日的阳光下,空气中到处是春天的味道,有柳树的清香,小草的芬芳。肖艳艳想:"世界如此美好,可是我却失恋了。"这时，那一种刺痛突然在心底弥漫。肖艳艳有种想流泪的感觉，她仰起头，不让泪水夺眶。

走累了，肖艳艳坐在街心花园的长椅上。旁边有一对母女，小女孩眼睛大大的，小脸红扑扑的。她们的对话吸引了肖艳艳。

"妈妈，你说友情重要还是半块橡皮重要。"

"当然是友情重要了。"

"那为什么月月为了想要萌萌的半块橡皮，就答应她以后不再和我做好朋友了呢？"

"哦，是这样啊。难怪你最近不高兴。孩子，你应该这样想，如果她是真心和你做朋友就不会为任何东西放弃友谊；如果她会轻易放弃友谊，那这种友情也就没有什么值得珍惜的了。"母亲轻轻地说。

"孩子，知道什么样的花能引来蜜蜂和蝴蝶吗？"

"知道，是很美丽很香的花。"

"对了，人也一样，你只要加强自身的修养，又博学多才，当你像一朵很美的花时，就会吸引到很多人和你做朋友。所以，放弃你是她的损失，不是你的。"

"是啊，为了升职放弃的爱情也没有什么值得留恋的。如果我是美丽的花，放弃我是他的损失。"肖艳艳的心情突然开朗起来了。

若是一个人为名利前途而放弃你们之间的感情，你是不是应该感到庆幸呢？很显然，这样的人不值得你去爱。

事实告诉我们，对待感情不可过于执着，否则伤害的只能是自己。

# 当爱耽于妄想

"一见钟情"本是件浪漫的事，生活中，不乏一见钟情终成眷属的佳话。然而，因"一见钟情"导致"相思成灾"，就真的不正常了。诚然，幻想里面有优于现实的一面，现实里面也有优于幻想的一面，完满的幸福应是将前者与后者的合二为一。而不是让幻想失去控制，变成妄想、狂想，这无论对想象者本人和被想象的对象来说，都是不幸的。

何小姐是北京一家国企的高级白领，工作业务突出，长相清新秀丽，虽然已年满三十，却一直名花无主，原因是她这个人太矜持、太端庄了，总给人以拒人千里之外之感。所以，虽然各方面条件都属不错，但却鲜有男士敢轻易接近她。

然而，她在同事心目中的形象却在一次旅行中被彻底颠覆了。

去年"十·一"黄金周期间，公司组织员工前往藏区旅游。初到美丽的大草原上，同事们异常兴奋，说笑不断，而平时并不孤僻的何小姐却突然变得寡言少语。原来，她的眼睛一直在盯着不远处一个放牧的藏族小伙。那个小伙个子高高，肌肉强健，古铜色的皮肤彰显着健康。不多时，小伙子翻身上马，飞奔而去，动作一气呵成，何小姐的眼睛里简直要放出光来了。此后的何小姐一改往日矜持端庄的模样，与同事大谈这个小伙的气质与风度，甚至直言不讳地说自己已经爱上这个小伙子了。

为了凑成何小姐的好事,同事们帮她找到了这个小伙。让大家跌破眼镜的是,这个小伙只是一个普通牧民,只是身材健硕,长相非常普通,而且文化程度较低,与其交流都十分困难。但何小姐并不在意这些,她一口咬定,藏族小伙就是自己命中注定要找的那位"白马王子"。接下来的时间里,何小姐根本无心游览,她只有一个念头,就是向小伙子表露心声,并且表示非他不嫁,这让刚刚二十出头的藏族小伙不知如何是好。

这突如其来的事件让同事们也慌了神,公司领导立即与何小姐家人取得联系,并匆匆结束行程,返回北京。可回到北京的何小姐依然"意乱情迷",她每天都要念叨几次这个藏族小伙的名字,称永远无法忘记他翻身上马那奔放不羁的动作,还向父母表示一定要再见一见他。

正值婚龄的男男女女偶遇一段缘分,如果能够好好把握,结成一段美好的姻缘,自然是好事。然而,如果这段姻缘是不现实的,又或者为此做出了过激行为,比如执着于单方面的愿望,并为此不惜一切代价,又比如死缠烂打、寻死觅活,这就是一种心理障碍了。医学上称之为"情爱妄想症",这是一种非正常心态,而并不是爱情。

从心理学的角度上说,个体对异性产生的美好幻觉,是预先潜藏在心底的,偶遇与内心中的那个他(她)相似的个体,好感便会被激发。但正常情况下的一见钟情,只是对对方的气质、外貌等产生好感,在没有进一步了解的情况下,是不会贸然采取行动的。但是,在现代都市中,已经有越来越多的"情爱妄想症"被人们误认为是一见钟情,这并不是正常的,也是带有一定危险的。

曾看到这样一条社会新闻:

某厂职工薛某,对已婚女同事周某一见钟情,多次直诉情怀,

多次被婉转拒绝。于是，他不断地给对方打骚扰电话，对方不堪忍受，将情况反映给了厂领导，薛某被辞退。但从这以后，他开始在周某上下班的必经之路上拦着对方表白。在被周某的亲友教训以后，他潜入对方家中，欲要杀害周某的丈夫，所幸未能得逞。面对司法人员，他的理由是："她其实是喜欢我的，只是她摆脱不了世俗束缚，她太犹豫了，不敢离婚，我要帮她脱离苦海……"

而该厂的员工都可以做证，周某的家庭其实很幸福，从没有对他有过任何的暧昧表示，是他一直在骚扰人家的正常生活。显然，与何小姐相比，薛某的"情爱妄想"要更严重，已经到了心理扭曲的地步。他偏执地认为对方已经爱上了自己，但实际上这只是他的一厢情愿。当自己幻想出来的爱情遭遇阻碍时，他开始恼羞成怒，做出一些异常的举动，甚至不惜触犯法律。

这类现象并不少见。有些人在生活中可能受到了挫折，也可能是因为感情问题不顺利，便会不知不觉地将自己的期望寄托到某个人身上。这个人可能是熟人，可能是陌生人，也可能是偶像明星。他们靠着这种安全而有距离的妄想，体会着爱情中的各种感觉，大部分是可以自己控制的，少数严重的会失去控制。

而类似何小姐这样的人，是需要诚实地面对自己的内心，要诚实地倾听别人的意见，而不是自动过滤掉自己不爱听的东西，专门挑符合自己逻辑的话。要知道自己的状态是有问题的，要用行动去解决自己的问题。要认识到，爱情并不是存在于空幻才完美，事实上，现实中鸡毛蒜皮，喜怒哀乐样样都有的爱情，如果有可能，尽快将自己投入到真正的爱情中去，感受现实中的喜怒哀乐，这会让你的心无暇幻想。

当然，如果只是轻度幻想，只把这作为一个美好的秘密珍藏起来，不影响自己正常的生活和工作，也不影响他人，而且幻想在自己的控制范围之内，那么，保留着一些粉红色的梦，只是作为生活的调剂，也是无可厚非的。

## 不知道什么是忧伤，就不会真正感激幸福

经历了许多的人、许多的事，你就会明白：这个世界上，没有什么是不可以改变的。美好、快乐的事情会改变，痛苦、烦恼的事情也会改变，曾经以为不可改变的，许多年后，你就会发现，其实很多事情都改变了。而改变最多的，竟是自己。不变的，只是小孩子美好天真的愿望罢了！所以当一份感情不再属于你的时候，就果断地放弃它，然后乐观等待你的下一次！

其实，人生最怕失去的不是已经拥有的东西，而是失去对未来的希望。爱情如果只是一个过程，那么失去爱情的人正是在经历人生应当经历的，如果要承担结果，谁也不愿意把悲痛留给自己。要知道，或许下一个他更适合你。

郑艳雪花龄之际爱上了一个帅气的男孩，然而对方不像郑艳雪爱他那样爱郑艳雪。不过，那时的郑艳雪对爱情充满了幻想，她认为只要自己爱他就足够了，自己只要有爱，只要能和自己爱的人在一起，这一辈子就是幸福的。于是，情窦初开的郑艳雪不顾闺密劝说，毅然决然地嫁给了那个男孩。然而，婚后的生活与郑艳雪对于爱情的憧憬完全是两个样子。从结婚那天起，她幸福就告一段

落。她的丈夫爱喝酒，只要喝醉了就对她拳脚相加，即便是在外边惹了气，回到家中也要拿她来撒气。2年以后，她产下一女，丈夫对她的态度更不如前，就连婆婆也对她骂不绝口，说她断了自家的香火。

后来，她丈夫又勾搭上了别的女人，终日里吵着要离婚，最终郑艳雪忍受不了屈辱，签下离婚协议书，带着不足3岁的女儿远走他乡。

时已年近30的郑艳雪虽然被无情的岁月、困难的命运褪去了昔日的光鲜，却增添了几分成熟女人的韵味，依旧展现着女人最娇艳的美丽。于是，便有媒人上门提亲。据说对方是个过日子的男人，就因为当年成分不好耽搁了终身大事，改革开放后靠手艺吃饭。郑艳雪因为想给女儿一个完整的家，所以当时并没有考虑对方是不是自己爱的人，没有多问就嫁给了那个叫武锋的男人。

过门以后郑艳雪才发现，那个男人长得又黑又丑，满口黄牙，而且他的所谓手艺也只是顶风冒雨地修鞋而已。见到武锋的那一刻，别说爱上他了，郑艳雪心中甚至有一种上当受骗的感觉。但是她知道，自己已经没有任何退路了。

然而，就是这样一个不起眼的丑男人，却让她深切体会到了男女之间真正的爱情。

结婚之后，武锋很是宠她，不时给她买些小玩意儿，一个发夹，一支眉笔……有一次，甚至还给她带回了几个枇果。在以往近30年的岁月中，郑艳雪从来没有用过这些东西，更不用说吃枇果了。

在吃枇果的时候，武锋只是傻傻地看着她，自己却不吃。郑艳雪让他："你也吃。"他却皱眉："我不爱吃那东西，看你喜欢吃我就高兴。"后来，郑艳雪在街上看到卖枇果的。过去一问才知道，枇果竟要二十几元一斤，她的眼睛瞬间红了起来。

那么香甜可口的东西他怎么可能不爱吃？他是舍不得吃呀、是为了让她多吃一些啊！

爱情不是一次性的物品，用完了就不能再用。那段逝去的感情或许只是宿命中的一段插曲，那个不再爱你的人应该只是宿命中的过客而已。上天对每个人都是公平的，他为你安排了一段不完美的爱情，或许只是为了了结前世的孽缘。而真正爱你的人一定会在不远处等着你，只要你不放弃。

其实，现实人生里，没有人是像电影小说、流行歌曲所形容的那样幸福地可以恋爱一次就成功，永远不分开的。大多数人都是经历过无数的失败挫折才可以找到一个长相厮守的人。

所以当你失去爱情时，当你们不可能永远在一起时，你应该告诉自己："还有下一次，何必去计较呢？"无论你这次跌得多痛，也要鼓励自己，坚强起来，重拾那破碎的心，去等待你的"下一次"。

## 对不爱自己的人，最需要的是理解、放弃和祝福

缘聚缘散总无强求之理。世间人，分分合合，合合分分谁能预料？该走的还是会走，该留的还是会留。一切随缘吧！

爱情全仗缘分，缘来缘去，不一定需要追究谁对谁错。爱与不

爱又有谁可以说得清？当爱着的时候只管尽情地去爱，当爱失去的时候，就潇洒地挥一挥手吧。人生短短几十年而已，自己的命运把握在自己手中，没必要在乎得与失、拥有与放弃、热恋与分离。

失恋之后，如果能把诅咒与怨恨都放下，就会懂得真正的爱。虽然在偶尔的情景下依然不免酸楚、心痛。

卢梭11岁时，在舅父家遇到了大他11岁的德·菲尔松小姐，她虽然不很漂亮，但她身上特有的那种成熟女孩的清纯和靓丽还是将卢梭深深地吸引住了。她似乎对卢梭也很感兴趣。很快，两人便轰轰烈烈地像大人般恋爱起来。但不久卢梭就发现，她对他的好只不过是为了激起另一个她偷偷爱着的男友的醋意——用卢梭的话说"只不过是为了掩盖一些其他的勾当"时，他年少而又过早成熟的心便充满了一种无法比拟的气愤与怨恨。

他发誓永不再见到这个负心的女子。可是，20年后，已享有极高声誉的卢梭回故里看望父亲，在波光潋滟的湖面上游玩时，他竟不期然地看到了离他们不远的一条船上的菲尔松小姐。她衣着简朴，面容憔悴。卢梭想了想，还是让人悄悄地把船划开了。他写道："虽然这是一个相当好的复仇机会，但我还是觉得不该和一个40多岁的女人算20年前的旧账。"

爱过之后才知爱情本无对与错、是与非，快乐与悲伤会携手和你同行，直至你的生命结束！卢梭在遭到自己最爱的人无情愚弄后的悲愤与怨恨可想而知，但是重逢之际，当初那种火山般喷涌的愤怒与报复欲未曾复燃，并选择了悄悄走开，这恰好说明世上千般情，唯有爱最难说得清。

如果把人生比做一棵枝繁叶茂的大树，那么爱情仅仅是树上的一颗果子。爱情受到了挫折、遭受到了一次失败，并不等于人生奋斗全部失败。世界上有很多在爱情生活方面不幸的人，却成了千古不朽的伟人。因此，对失恋者来说，对待爱情要学会放弃，毕竟一段过去不能代表永远，一次爱情不能代表永生。

聚散随缘，去除执着心，一切恩怨都将在随水的流逝中淡去。那些深刻的记忆也终会被时间的脚步踏平。过去的就让它过去好了，未来的才是我们该企盼的。

# 5

# 他选择他的命运，你选择你自己的

　　生命的富有，不在于自己拥有多少，而在于能给自己多少广阔的心灵空间。生命的高贵，也不在于自己处在什么位置，只在于能否始终不渝地坚守心灵的自由。任何生命的心灵深处都有一棵馨香大树，即使是天国中飘来的一片雪花，抑或是一只落魄于鸡群的飞鹰，甚至是一只匆匆奔走的蚂蚁，再卑微的生命，只要能够看守住心灵中的这棵大树，不被外在的一切所迷惑、迷乱、迷失，就能坚守住生命中最可宝贵的东西，留住本性，还原自己。这心灵之树，就是你生命中最纯的底色。

# 把生命交给自己，把价值带给世界

当你过于在意别人的目光、无法割舍太多的纠葛的时候，你的人生便已经被绑架了。其实，最关注你的人只有你自己，没有那么多把自己的目光盯在别人身上的"观众"。所有的"观众"其实只不过是你心中的樊笼。你换一种活法，忘记"观众"，照样可以获得快乐。

文艺工作者们的一举一动总是能够成为大众们关注的焦点，他们也力求让自己的外表保持光鲜亮丽，不让观众们失望，即使是上街买菜也要打扮得衣冠楚楚，由于过于关心别人的目光，严苛要求自己，却使自己没有了喘息的时间。一个曾经风光无比的男演员淡出公众视线很多年了，最近出现在了媒体上，却成了拳击比赛的新人王。在一个节目上，主持人问他为什么能够在人气上升的时候忽然淡出，男演员就给主持人讲述了他曾经的故事。

原来当年，男演员凭借在热门影视剧中的表演名噪一时，他也按名人的标准来要求自己，在人前衣冠楚楚，保持风度，让自己活在"名演员"的角色中。可是，有一次在国外拍片的时候，剧组全体人员要从拍摄地到另一个地方去吃饭，吃完饭按时集合回去继续拍摄。

在用餐完毕之后，他看见其他人还没吃完，于是就去外面的公用电话与家人联系。正和母亲聊着,他发现剧组乘坐的大巴车载着满车的人开走了。于是他扔下电话追了过去,大巴上却没有人留意到他。

感觉荒唐又气愤的男演员心想,这简直是太荒谬了,竟然没有等他上车就走了,他可是这部剧的男主角啊,没有他怎么进行拍摄呢?他想,等他们发现自己没有上车,一定会回来找他的。

可是,两个小时的时间过去了,没有人来找他,周围来来往往的人们也没有人认出这是一个著名男演员。

于是,按捺不住的男演员给剧组的人打了电话,那头才恍然大悟:原来把男主角丢到了饭店。之后又过了很长时间,才有人过来将他带回拍摄地。

这一次的经历无疑给自视甚高的男演员泼了一盆冷水,他这个时候才意识到,原来自己并没有那么多的观众,没有那么多人会关注自己。

也正是因为有了这样的认识,男演员才不再苛求自己事事完美,在遭遇事业低谷的时候也不再抱怨别人,而是专心投身于自己喜欢的运动当中,后来还在教练的鼓励之下参加了全国性的拳击比赛,成为该比赛中年龄最大的新人王。

受到万众瞩目的演员尚且如此,更何况我们普通人呢?在会议、聚会上,你发表意见的时候不小心出现口误,立即感觉大失面子,还没想到怎么去补救,大家却都已经投入到另一个话题中去了。其实,其他人根本就没有注意到你的小小过失,更不会在意,只有你自己觉得失去了面子。

对于别人的眼光、别人的评价,你在乎得越多,那么你的内心就会多一分束缚。你舍弃得越多,你也就多了一分自由。

许多人总是会高估了自己,为虚名所累,总是认为有许多观众

时刻都在注视着自己。其实,你对别人没那么重要,地球离开了谁都会照常转,别人的生活不会因为你少出了一分力就无法继续。

有太多人每天忙忙碌碌,就好像是陀螺一样不停地转着,虽然在工作当中施展了拳脚,得到了成绩,但是却把自己累得要命。别人劝他,对自己好一点,休息一下,不要对自己太苛刻,可是他却无奈地说:"不行啊,我的工作很重要,没有我不行,很多人靠着我吃饭呢。"

的确,你的工作能力可能很强,你的事业成功,你认为自己的能力比身边其他人高,于是就要背负更多的压力,这其实就是你的责任。

但是你也要明白,自己并不是超人,不是蜘蛛侠,不必把拯救世界的使命全部压在自己的肩头,过重的负担只会压垮自己。曾经有一个"工作狂",作为一个部门的负责人,他的工作十分出色,上司赏识他,总是给他最难完成的任务,出去应酬也总是带着他。虽然他也经常觉得自己工作压力大,自己太辛苦,别人劝他休息,可是他却两手一摊,无奈又骄傲地说:"走不开啊,我一放手,工作就没办法进行了。"

直到有一天,在单位的一次体检过程中,医生神色凝重地在他的报告单上写下"疑似"。就是这张危险的报告单一下子让他懵了,家里人强制性地把他送进了医院,什么事都放下,好好调养他已经被严重透支的身体。

住院半个月的时间,他连手机都关掉了,谢绝任何人来探望。只有家人陪着他聊天、散步,调养休整。他在此期间才遗憾地发现,在不知不觉当中,自己已经错过了那么多与家人共处的机会。

半个月之后,复检结果出来了,最可怕的猜想被排除。这段时间,正常的生活作息也让他疲惫的身心得以修补,他如释重负,仿佛天地一下子大了许多。

出院以后，他回到了单位，发现他不在的那些日子里工作如往常一样运转得非常好，一些被他的"能干"束缚未能施展拳脚的员工这个时候也施展出了各自的潜能，单位的工作没有因为他的离开受到太大的影响。

现实的情况虽然让他有些失落，但是他随即却又释然，别人的生活自有别人自己负责，何必勉强自己做"救世主"呢？其实自己能够拯救、需要负责的也只有自己。让我们好好善待自己吧，不要再为难自己。在生命的舞台之上，每个人都有各自的角色，每个人其实都是主角，也只是自己生命的主角。在别人的生活当中，你仅仅只是一个配角，一个无关紧要的配角。欣赏自己，照顾自己，学会自娱自乐，把自己的生命交给自己，才能把价值带给世界。

## 你也有自己的乐土

有的人在拥有和享受一些东西的同时，又在羡慕别人所拥有的东西。与此同时，他们忘记珍惜现在拥有的，只一门心思追求自己所没有的，最终的结果往往是疲惫不堪，使自己时刻都陷入忌妒不平当中。于是烦恼便随之层出不穷，一生便陷入烦恼编织的网里了。

有这样一对夫妻，他们是大学同学，在学校时是大家公认的金童玉女，毕业后，顺理成章地结成了百年之好。那时，当同学们都

在为工作发愁时,男人就已经直接被推荐到一家公司做设计工程师,女人也因此自豪着。

结婚5年后,他们要了宝宝,生活步入稳定的轨道,简单平静,不失幸福。然而,一次同学聚会彻底搅乱了女人的心。

那次聚会,男人们都在炫耀着自己的事业,女人们都在攀比着自己的丈夫,站在同学们中间,女人猛然发现,原本那么出众的他们如今却显得如此普通,那些曾经学习和姿色都不如自己的女同学都一身名牌,提着昂贵的手提包,仪态万千,风姿绰约。而那些曾经被老公远远甩在后面不学无术的男同学,现在居然都是一副春风得意的样子。

回家的路上,女人一直没有说话,男人开玩笑说:"那个小子,当初还真小看他了,一个打架当科的小混混,现在居然能混成这样。不过你看他,真的有点小人得志的样子。"

"人家是小人得志,但是人家得志了,你是什么?原地踏步?有什么资格笑话别人?"

男人察觉出了女人的冷嘲热讽,但并未生气:"怎么了?后悔了?要是当初跟着他现在也成富婆了是吗?"

一句话激怒了本就不开心的女人:"是,我是后悔了,跟着你这个不长进的男人,我才这么处处不如人。"

男人只当作女人是虚荣心作怪,被今天聚会上那些女同学刺激了,未避免吵起来,便不再作声。

一夜无话,第二天就各自上班了,男人觉得女人的情绪也平复了,不再放在心上,可是此后他却发现,女人真的变了,总是时不时地对他讽刺挖苦:

"能在一个公司待那么久,你也太安于现状了吧?"

"干了那么久了,也没什么长进,还不如辞职,出去折腾折腾呢？"

"哎，也不知道现在过的什么日子，想买件像样的衣服，都得寻思半天的价格，谁让咱有个不争气的老公呢！"

在女人的不断督促下，那人终于下决心"折腾折腾"。他买了一辆北京现代，白天上班，晚上拉黑活，以满足女人不断膨胀的物质需求。女人的脸上也渐渐有了些笑模样。

那天，本来二人约好晚上要去看望女人的父亲，可左等右等男人就是不回来。女人正在气头上，收到了男人发来的信息："对不起，老婆，始终不能让你满意。"女人看着，想着肯定是男人道歉的短信。她躺着，回想着这些年在一起的生活，想到男人对自己的关心和宽容，想着他们现在的生活，虽然平凡一点，但是也不失幸福，想着自己也许真的被虚荣冲昏了头，想着想着便睡着了。第二天早上，睁开眼的女人发现，丈夫竟然彻夜未归。她大怒，正准备打电话过去质问，电话铃声却突然响了。

电话那头说他们是交通事故科的，女人听着听着，感觉眼前的世界越来越缥缈。她的身体不停地抖着，蜷缩成一团。

原来，那天晚上，男人拉了一个急着出城的客人，男人一般不会出城，但因为对方给的价格太诱人，就答应了。回来的路上，他被一辆货车追尾，最后一刻男人给女人发了一条信息："对不起，老婆，始终不能让你满意。"

太平间里，女人的心抽搐着，可是无论多么痛苦，无论多么懊悔，无论多么自责，都已经唤不醒"沉睡"的男人。

其实生命真正需要的并不多，人生无须太圆满，如果能原谅自己的欠缺，就不会与他人做无谓的比较，才能更珍惜自己现在所拥有的一切。

幸福与快乐其实并不像想象中那么复杂，它很简单，也很容易

实现，但是，如若你总想着比别人过得都幸福，那却很难实现。毕竟，山外永远还有一座山。

其实我们根本无须羡慕别人的美丽花园，因为你也有自己的乐土。命运给了我们遗憾和苦难，但同时也赐予了我们欢乐和机遇。如果你懂得珍惜现在所拥有的一切，就会减少许多无奈与烦恼，多一些欢乐与阳光，你的人生也将更加幸福、更加快乐！

# 幸福如人饮水，冷暖自知

这世上总有人比你拥有的更多、更好，所以在这场较量中，你不可能"赢"。与他人比，你永远只能一时高兴。

其实，攀比也并非都是坏事。如果能够通过攀比，发现自身的不足，认识自己的独特，承认与别人的差异，确定努力的方向，激发合理竞争的欲望，那么攀比一下又何妨？这样比有什么不好？这样比也能促成进步，这样比完全是可以的。

但是，如果什么都要比，聚在一起就比事业、比地位、比房子、比车子、比银子……非要比出个谁强谁弱，比赢了就扬扬得意、不知所以，比输了就垂头丧气、耿耿于怀，那就是一种心理失衡了。从某种意义上说，这完全是在自找烦恼。希望大家明白，一山还有一山高，倘若一路比下去，只会让自己越比越急、越比越累。

有一位作家，他的寓所附近有一个卖油面的小摊子。一次，作家带孩子散步路过，看到生意极好，所有的椅子都坐满了人。父子二人饶有兴趣地看了起来。

只见卖面的小贩把油面放进烫面用的竹捞子里，一把塞一个，仅在刹那之间就塞了十几把，然后他把叠成长串的竹捞子放进锅里烫。

接着他又以迅雷不及掩耳的速度，将十几个碗一字排开，放作料、盐、味精等，随后捞面加汤。做好十几碗面前后没有用到5分钟，而且还边煮边与顾客聊着天。

作家和孩子都看呆了。

在他们从面摊离开的时候，孩子突然抬起头来说："爸爸，我猜如果你和卖面的比赛卖面，你一定输！"

对于孩子的话，作家莞尔一笑，并且立即坦然承认，自己一定输给卖面的人。作家说："不只会输，而且会输得很惨，我在这世界上是会输给很多人的。"

他们在豆浆店里看伙计揉面做油条，看油条在锅中胀大而充满神奇的美感，作家就对孩子说："爸爸比不上炸油条的人。"

他们在饺子馆，看见一个伙计包饺子如同变魔术一样，动作轻快，双手一捏，个个饺子大小如意，晶莹剔透。作家又对孩子说："爸爸比不上包饺子的人。"

生活的道理应该是这样：我们没必要为了面子让自己活得太累，在人前处处逞强，仿佛自己什么都能做到似的。每个人都有缺陷，要敢于承认己不如人，也要敢于对自己不会做的事情说"不"，这样我们自然能够获得一份适意的人生。

其实，"攀比"本身没有错，错的是我们对待"攀比"的心态。人一旦有了不正常的比较心，往往意不能平，终日惶惶于所欲，去追寻那些多余的东西，空耗年华，难得安乐。然而，尽管我们都知

道"人比人，气死人"的道理，可在生活中，我们还是要将自己与周围环境中的各色人物进行比较，可是攀来比去，最后除了虚荣的满足或失望之外，还剩下什么？有没有意义？是徒增烦恼，还是有所收获？答案是：毫无意义！

其实，他是他，你是你，他有的你不一定有，你有的他也未必有，生活是自己的，只要自己过得开心、舒适就好。我们又何必与人比着活？

不知大家有没有看过这样一则寓言。

猪说："假如让我再活一次，我要做一头牛，工作虽然累点，但名声好，让人爱怜。"

牛说："假如让我再活一次，我要做一头猪，吃罢睡，睡罢吃，不出力，不流汗，活得赛神仙。"

鹰说："假如让我再活一次，我要做一只鸡，渴了有水，饿了有米，有房住，还受人保护。"

鸡说："假如让我再活一次，我要做一只鹰，可以翱翔天空，云游四海，任意捕兔杀鸡。"

那么你呢？是不是也在想着自己过上别人的生活？是不是觉得那样才快乐？其实幸福如人饮水，冷暖自知。

你不是别人，你没有走过他所走过的路，又怎会知道他心中是苦是乐？所以没有必要羡慕、忌妒。

你的幸福也许就是一碗白开水，你每天都在喝，何必羡慕别人喝的、带有各种颜色的饮料？其实那未必有你的白开水解渴。

所以说，别活得太累，幸福的标准因人而异，你完全没有必要羡慕别人，你只要知道自己的方向，你努力朝着这个方向去做，就能体现你的价值，并收获你的幸福，而这个价值和幸福也都是别人所无法达到的。

第二辑　一舍一得人生事

## 谁是最高仲裁者

听取和尊重别人的意见固然重要，但无论何时不要人云亦云，做别人意见的傀儡，否则不但会在左右摇摆、不知所往中身心疲惫，失去许多可贵的机会，而且还会丢失自己。

有个男人一心想升官发财，可是从年轻熬到白头，却还只是个小职员。这个人为此极不快乐，每次想起来就掉泪。

一位新同事觉得很奇怪，便问他到底为什么难过。他说："我怎么能不难过？年轻的时候，我的上司爱好文学，我就学着作诗、学写文章，想不到刚觉得有点小成绩了，却又换了一位爱好科学的上司。我赶紧又改学数学、研究物理，不料上司嫌我学历太低，不够老成，还是不重用我。后来换了现在这位上司，我自认文武兼备，人也老成了，谁知上司又喜欢青年才俊，我……我眼看年龄渐高，就要退休了，一事无成，怎么不难过？"

人活着应该是为了充实自己，而不是为了迎合别人的旨意。没有自我的人，总是考虑别人的看法，这是在为别人而活着，所以活得很累。当然，我们绝无可能孤立地生活在这个世界上，几乎所有的知识和信息都要来自别人的教育和环境的影响，但你怎样接受、理解和加工、组合，是属于你个人的事情，这一切都要独立自主地去看待、去选择。谁是最高仲裁者？不是别人，而是你自己！歌德

说:"每个人都应该坚持走为自己开辟的道路,不被流言所吓倒,不受他人的观点所牵制。"让人人都对自己满意,这是个不切实际、应当放弃的期望。

我们周围的世界是错综复杂的,我们所面对的人和事总是多方面、多角度、多层次的。我们每个人都生活在自己所感知的经验现实中,别人对你的反映大多有其一定的原因和道理,但不可能完全反映你的本来面目和完整形象。别人对你的反映或许是多棱镜,甚至有可能是让你扭曲变形的哈哈镜,你怎么能期望让人人都满意呢?

如果你期望人人都对你看着顺眼、感到满意,你必然会要求自己面面俱到。不论你怎么认真努力,去尽量适应他人,能做得完美无缺,让人人都满意吗?显然不可能!这种不切实际的期望,只会让你背上一个沉重的包袱,顾虑重重,活得太累。

我们无法改变别人的看法,能改变的仅是我们自己。每个人都有每个人的想法,每个人都有每个人的看法,不可能强求统一。我们应该把主要精力放在踏踏实实做人、兢兢业业做事、刻苦学习上。改变别人的看法总是艰难的,改变自己总是容易的。

有时自己改变了,也能恰当地改变别人的看法。光在乎别人随意的评价,自己不努力自强,人生就会苦海无边。

第二辑 一舍一得人生事

## 画出自己的人生色彩

如果人生是一场比赛，在冲向终点的过程中，难免有人会向你打压、向你喝倒彩。你是想要成功还是想要平凡无为？倘若有人对你说"停下吧，你的目标无法实现"，你又该如何应对？

几只蛤蟆在进行"田径比赛"，终点是一座高塔的顶端，周围有一大群蛤蟆前来观战。

比赛刚开始不久，观众便大声议论起来："真不知道它们是怎样想的，做这种不现实的事情，它们怎么可能蹦到塔顶呢？简直是天方夜谭！"

过了不久，观众们开始为蛤蟆选手们喝倒彩："喂，你们还是停下来吧！这场比赛根本不现实，这是不可能达到的目的！"

陆续地，蛤蟆选手们一一被说服，它们退却了，停了下来。然而，却有一只蛤蟆始终不为所动，一往无前地向前……向前……

比赛结果，其他蛤蟆选手全部半途而废，唯有那只蛤蟆以惊人的毅力完成了比赛。所有蛤蟆都很好奇：为什么它有这么强的毅力呢？这时它们才发现，原来它是一只聋蛤蟆。

别人的评价不能够成为你行动的基准，否则还有什么自我可言？有些时候，我们索性就让自己做一只"聋蛤蟆"吧！这样，你反而会收获更多。

　　世界第一名女性打击乐独奏家伊芙琳·格兰妮说："从一开始我就决定，一定不要让其他人的观点阻挡我成为一名音乐家的热情。"

　　她出生在苏格兰东北部的一个农场，从8岁时她就开始学习钢琴。随着年龄的增长，她对音乐的热情与日俱增。但不幸的是，她的听力却在渐渐地下降，医生们断定是由于难以康复的神经损伤造成的，到12岁，她将彻底耳聋。可是，她对音乐的热爱却从未停止过。

　　她的目标是成为打击乐独奏家，虽然当时并没有这么一类音乐家。为了演奏，她学会了用自己特有的方式来感受其他人演奏的音乐。她不穿鞋，只穿着长袜演奏，这样她就能通过她的身体和想象感觉到每个音符的震动。她几乎用她所有的感官来感受着她的整个音乐世界。

　　她决心成为一名音乐家，而不是一名聋的音乐家，于是她向伦敦著名的皇家音乐学院提出了申请。

　　因为以前从来没有一个聋学生提出过申请，所以一些老师反对接收她入学。但是她的演奏征服了所有的老师，她顺利地入了学，并在毕业时荣获了学院的最高荣誉奖。

　　从那以后，她就致力于成为一位出色的专职的打击乐独奏家，并且为打击乐独奏谱写和改编了很多乐章，因为那时几乎没有专为打击乐而谱写的乐谱。

　　如今，她已经成为一位出色的专职打击乐独奏家了。她很早就下了决心，不会仅仅由于医生诊断她完全变聋而放弃追求，因为医生的诊断并不能阻止她对音乐执着的热爱与追求。

　　事实证明，伊芙琳·格兰妮的选择是正确的。如果她是个软弱的人，只是听从医生给她下的结论而不与命运去抗争，那样她的音乐才华不仅泯灭了，人类历史上也会少了一个著名的打击乐演奏家。

人生难免会遇到这种情况，很多时候，旁观者会对你做出主观评价，以他们的视角来审视你的人生，往往会对你做出不公正的"宣判"。这时，请不要在意别人的看法，做你自己、做你自己该做的选择，画出你自己的人生色彩！

## 不要刻意乞求他人的认可

一个人活在别人的价值观里就会变得虚荣，因为太在意别人的看法就会失去自我。每个人都应当为自己而活，追求自我价值的实现以及自我的珍惜。如果你追求的幸福是处处参照他人的模式，那么你的一生都会悲惨地活在他人的价值观里。

意大利著名诗人但丁曾经说过："走自己的路，让别人说去吧！"是的，在人生这条路上，不要太在意别人的看法，你管别人怎么说！只要自己认定是对的，大可义无反顾地走下去。

有一天下午，苏菲正在弹钢琴时，7岁的儿子走了进来。他听了一会儿说："妈，你弹得不怎么高明吧？"

不错，是不怎么高明。任何认真学琴的人听到她的演奏都会退避三舍，不过苏菲并不在乎。多年来苏菲一直这样不高明地弹，弹得很高兴。

苏菲也喜欢不高明地唱歌和不高明地绘画，从前还自得其乐于不高明地缝纫，后来做久了终于做得不错。苏菲在这些方面的能力

不强,但她不以为耻。因为她不愿意活在别人的价值观里,她认为自己有一两样东西做得不错。

"啊,你开始织毛衣了,"一位朋友对苏菲说,"让我来教你用卷线织法和立体织法来织一件别致的开襟毛衣,织出十二只小鹿在襟前跳跃的图案。我给女儿织过这样一件。毛线是我自己染的。"苏菲心想,我为什么要找这么多麻烦?做这件事只不过是为了使自己感到快乐,并不是要给别人看以取悦别人。直到现在为止,苏菲看着自己正在编织的黄色围巾每星期加长五至六厘米时,还是自得其乐。

从苏菲的经历中不难看出,她生活得很幸福,而这种幸福的获得正在于,她做到了不为向他人证明自己是优秀的,而有意识地去索取别人的认可。改变自己一向坚持的立场去追求别人的认可,并不能获得真正的幸福,这样一条简单的道理并非人人都能在内心接受它,并按照这条道理去生活。因为人们总是认为,那种成功者所享受到的幸福就在于他们得到了这个世界大多数人的认可。

其实,获得幸福的最有效的方式就是不为别人而活,不让别人的价值观影响自己,就是避免去追逐它,就是不向每个人去要求它。通过和你自己紧紧相连,通过把你积极的自我形象当作你的顾问,通过这些,你就能得到更多的认可。

## 与其讨好别人，不如取悦自己

人的本性趋向于寻求他人的赞美和肯定，尤其对于有威望或有控制力的对象（如父母、老师、上司、名人名流等），他们的赞美肯定更加重要。取悦他人者会沉迷于取悦行为所换得的肯定。这很好解释，如果某件事让人有了愉悦的体会，那他就可能持续做这件事，以便继续维持这种美好的感觉。

但，我们得到的感觉其实并不美好。

为了取悦别人而活着，最终必然丧失真正的自己。只有先取悦自己，做最好的自己，然后才能得到他人的喜欢和尊敬。

一位诗人。他写了不少的诗，也有了一定的名气，可是，他还有相当一部分诗却没有发表出来，也无人欣赏。为此，诗人很苦恼。

诗人有位朋友，是位禅师。这天，诗人向禅师说了自己的苦恼。禅师笑了，指着窗外一株茂盛的植物说："你看，那是什么花？"诗人看了一眼植物说："夜来香。"禅师说："对，这夜来香只在夜晚开放，所以大家才叫它夜来香。那你知道，夜来香为什么不在白天开花，而在夜晚开花呢？"诗人看了看禅师，摇了摇头。

禅师笑着说："夜晚开花，并无人注意，它开花，只为了取悦自己！"诗人吃了一惊："取悦自己？"禅师笑道："白天开放的花，都是为了引人注目，得到他人的赞赏。而这夜来香，在无人欣赏的情

况下，依然开放自己，芳香自己，它只是为了让自己快乐。一个人，难道还不如一种植物？"

禅师看了看诗人又说："许多人，总是把自己快乐的钥匙交给别人，自己所做的一切都是在做给别人看，让别人来赞赏，仿佛只有这样才能快乐起来。其实，许多时候，我们应该为自己做事。"诗人笑了，他说："我懂了。一个人，不是活给别人看的，而是为自己而活，要做一个有意义的自己。"

禅师笑着点了点头，又说："一个人，只有取悦自己，才能不放弃自己。只要取悦了自己，也就提升了自己。只要取悦了自己，才能影响他人。要知道，夜来香夜晚开放，可我们许多人却都是枕着它的芳香入梦的啊。"

人如果总是忙着取悦别人，去为别人的期望而生活，就会忽视自己的生活，忽视自己到底喜欢什么、到底想要什么、到底需要什么，最后，已经忽视了自己的存在。可是，你拥有自己的人生，这是你的一项权利，你为什么要放弃？你对自我的放弃，能换来的其实只是更多的蔑视和鄙夷。

所以，别老想着取悦别人，你越在乎别人，就越卑微。只有取悦自己，才会令你更有价值。一辈子不长，记住，对自己好点。

## 兰生幽谷，不为莫服而不芳

"兰生幽谷，不为莫服而不芳；舟在江海，不为莫乘而不浮。"生命是自己的，无须因为没有别人的赏识，而刻意将自己改造成别人喜欢的模样，曲意逢迎，苦的最终还是自己。人，只有活得真实才能活得踏实。海市蜃楼再壮观，总会消失的。如果背叛了生命的真实，戴着最虚伪的面具活着，总会有一种空度一生的感觉袭来，敏感的灵魂总能预见到深刻的困境。

艾丽丝从小就特别敏感而腼腆，她的身体一直太胖，而她的一张脸使她看起来比实际还胖得多。艾丽丝有一个很古板的母亲，她认为把衣服弄得漂亮是一件很愚蠢的事情。她总是对艾丽丝说："宽衣好穿，窄衣易破。"而母亲总照这句话来帮艾丽丝穿衣服。所以，艾丽丝从小就习惯于把自己包裹在肥大的衣服里，也越来越觉得自己肥胖丑陋。她变得非常自卑。艾丽丝从来不和其他的孩子一起做室外活动，甚至不上体育课。她非常害羞，觉得自己和其他的人都"不一样"，完全不讨人喜欢。

长大之后，艾丽丝嫁给一个比她大好几岁的男人，可是她并没有改变。她丈夫一家人都很好。艾丽丝尽最大的努力要像他们一样，可是她做不到。他们为了使艾丽丝开朗而做的每一件事情都只是令她更退缩到她的壳里去。艾丽丝变得紧张不安，躲开了所有的朋友，

情形坏到甚至怕听到门铃响。艾丽丝知道自己是一个失败者,又怕她的丈夫会发现这一点,所以每次他们出现在公共场合的时候,她都假装很开心,结果常常做得太过分。事后,艾丽丝会为此难过好几天。最后不开心到使她觉得再活下去也没有什么意思了,艾丽丝开始想自杀。

后来,是什么改变了这个不快乐的女人的生活呢?只是一句随口说出的话。

有一天,她的婆婆正在谈怎么教养她的几个孩子,她说:"不管事情怎么样,我总会要求他们保持本色。"

"保持本色!"就是这句话!在那一刹那,艾丽丝才发现自己之所以那么苦恼,就是因为她一直在试着让自己适应一个并不适合自己的模式。

艾丽丝后来回忆道:"在一夜之间我整个人改变了,我开始保持本色。我试着研究我自己的个性、自己的优点,尽我所能去学色彩和服饰知识,尽量以适合我的方式去穿衣服,主动地去交朋友。我参加了一个社团组织——起先是一个很小的社团——他们让我参加活动,把我吓坏了。可是我每发过一次言,就增加了一点勇气。今天我所有的快乐是我从来没有想过可能得到的。在教养我自己的孩子时,我也总是把我从痛苦的经验中所学到的结果教给他们,'不管事情怎么样,总要保持本色'。"

芸芸众生,唯有个性派生出的本真,才会营造美。也许我们并不能让所有人满意,但至少我们可以让自己满意。只要我们有那份安然与恬静的坚守,就可以不去惊扰别人,也不让别人烦扰自己。生活的山明水秀,需要的是一种本真的心境。

# 第三辑
# 悟已往之不谏，知来者之可追

有些话，适合烂在心里；有些痛苦，适合无声无息地忘记。在意的越多，失去的就越多。人生难免会有缺憾和不如意，结果已然，耿耿于怀只能徒增烦恼。有些人，注定会成为故人；有些事，注定会成为故事。错过的，就让它过去吧，不必惋惜，不必留恋，或许它是美好的，但未必是最适合你的。你忘记一个错误的开始，就可能得到一个正确的结束；忘记曾经盲目的选择，就可以争取一个清醒的拥有；忘记自己承载不动的东西，对自己就是一种最简单的解脱。

# 1

## 努力记住伤痕,就只能在伤痕中生活

人总是习惯在伤心时提起笔,写点东西。所以,每个人的记忆里留下的大部分都是伤痕,到头来,只会错误地认为,自己活了这么多年,所经历的都是伤心的,都是无奈的。所以,遗忘是有必要的,当然记得也有必要,把苦难的过去忘掉,汲取这一次的教训,利用这个错误的经验,避免伤人伤己的恶性循环。

# 人之所以有烦恼，就是因为记性好

　　人的本性中有一种叫作记忆的东西，美好的容易记着，不好的则更容易记着。所以大多数人都会觉得自己不是很快乐。那些觉得自己很快乐的人是因为他们恰恰把快乐的记着，而把不快乐的忘记了。这种忘记的能力就是一种宽容，一种心胸的博大。生活中，常常会有许多事让我们心里难受。那些不快的记忆常常让我们觉得如鲠在喉。而且，我们越是想，越会觉得难受，那就不如选择让心宽阔一点，选择忘记那些不快的记忆，这是对别人，也是对自己的宽容。

　　有一位百岁高龄的老奶奶，思维敏捷，耳聪目明，脸色红晕。人们惊叹之余，开始请教她长寿的秘诀。老人笑呵呵地说："多吃素食，性格开朗，心情豁达；凡事能拿得起，更要放得下……"老奶奶强调最多的就是要学会忘记痛苦，忘记烦恼，忘记仇怨，要铭记善施，铭记恩情，感恩报德。

　　其实，记忆对人本身是一种馈赠。心胸宽阔的人，用它来馈赠自己；但同时它也是一种惩罚，心胸狭窄的人则用它惩罚自己。所以说，有时候，记忆不要太好，人最大的烦恼就是记性太好。

　　如果把所有的事情都缠绕在心上，时常想起，就会时常痛苦。所以，与其纠结于心，不如看淡，看轻。生活的真谛在于宽恕与忘记。宽恕那些伤害过我们的人和事，忘记那些不值得铭记的东西。忘记是品质的提升，是心态的调和，更是生命的沉淀。

其实，忘记与铭记是一对孪生兄弟，二者不可偏取其一，否则必遭极端之苦，必受偏废之痛。所以，我们在忘记的同时也需要有一些铭记，铭记生活中的美好，铭记值得铭记的事，而把该忘记的统统忘记。

# 悲欢离合是红尘，坎坎坷坷是人生

起落人生，有凄美瞬间，也有执手相看泪眼。时光流转，如梦如幻，似乎冥冥中自有天意。于是，总是在得与失之间徘徊，失望之情不能平复，因而备感忧伤。

很多时候，生活的确无奈，甚至会让人觉得是折磨、煎熬。然而，它又不可避免。或许，你有一二知己，却远隔他乡；或许你有知心爱人，却天涯相望；或许你才华横溢，却命比纸薄；或许你义胆侠肝，却屡逢宵小……总之，人生不会圆满，人人都要尝尽人生之无奈，生活之坎坷。这个时候，拿掉自己脖子上的十字架，就是等于给自己恢复自由身，尤其是在爱情的"事故"里。

一位美国朋友带着即将读大学的孩子去欧洲旅行，因为那里留有他青春的痕迹，旧地重游，很是亲切，还有一缕说不出的伤感，因为曾失却的爱就在这里。

　　和儿子进入大学城内的餐厅用餐，才刚坐下，父亲即面露惊讶神色。原来，这家餐厅的老板娘竟是当年他在此求学时追求的对象。

　　二十多年岁月变更，当年的粉面桃花早已不再。父亲告诉儿子说，她是一家酒吧主人的千金，她的笑容与气质深深地吸引着他。虽然女孩父亲反对他们往来，但两颗热恋的心早已融化所有的障碍，他们决定私奔。

　　这位美国朋友托友人转交一封信给女孩，约定私奔的日期和去向。很遗憾，他等了一天，却没看到女孩出现，只看见满天嘲弄的星辰，怀抱琴弦，却弹奏失望。他只好带着一张毕业证书回到美国。

　　儿子听得如痴如醉。突然，他问父亲，当年他在信上如何注明日期。因为美国表示日期的方式是先写月份，后写日期；而欧洲是先写日期，再写月份。

　　父亲恍然大悟，原来自己约定的日期10月11日，女孩却是欧洲的读法，判断为11月10日。一个月的时序误会，因而错失一段美好的姻缘。

　　二十多年来，他一直想用恨来冲淡想念。二十多年来，那女孩呢？她一定也在恨那个"薄情郎"。这位年近50岁的美国朋友，很想走过去，告诉老板娘：我们都错了，只为一个日期的误读，不为爱情。

　　两个对的人却在错的时候，爱上一回。

　　最终，这位父亲没有站出来揭开谜底，只是默默地埋单，然后轻松地回家。因为他在心中彻底地为一个爱情中的无辜女主角昭雪。

　　把相恋时的狂喜化成披着丧衣的白蝴蝶，让它在记忆里翩飞远去，永不复返，净化心湖。与绝情无关——唯有淡忘，才能在大悲大喜之后炼成牵动人心的平和；唯有遗忘，才能在绚烂已极之后练就处变不惊的恬然。

自己的人生应当自己把握，无论如何，都不要被生命中的悲欢离合、坎坎坷坷困住。命运对待每个人都很公平，它为你关上一扇门的同时，必然会为你打开一扇窗，能不能让人生充满阳光，就要看我们是躲在阴暗的角落里默默哭泣，还是积极地寻找那扇窗，推开它，迎接阳光。

赵申玉拥有一个称得上完美的家庭：丈夫杨子诺事业有成，儿子杨峰品学兼优，双方父母都身体健康，她自己则在家当一名养尊处优的全职太太。她对自己的生活状态很满意，觉得生活就是这样，已经没有什么遗憾了。

可是一场突如其来的变故打碎了她的幸福。

财务部经理卷走了丈夫公司所有的钱，给杨子诺留下了一个烂摊子：没有资金周转，公司已经无法运转；有债务关系的纷纷上门要债，声称不还就诉诸法律。公司陷入了生死两难的境地，杨子诺背负着巨大的压力。

遇到的问题虽困难，可是终会有解决的办法，丈夫杨子诺是个很有能力的人，所以赵申玉并没有很恐慌。可是巨大的压力令杨子诺心脏病突发，他独自一人离开了人世，把所有的担子都压到了赵申玉的身上。

赵申玉一下子蒙了，长期的安逸生活让她不知如何应对这场变故。丈夫的离世、公司的难题，都让她心力交瘁，她甚至想追随丈夫而去。可是看看双鬓斑白的老人，想想还未成年的儿子，她无法撒手西去，她必须挑起这副沉重的担子。她已经想尽办法筹钱，可是这个时候无人伸出援助之手。看着堵住家门的债主，赵申玉苦不堪言。她费尽口舌向众人解释，希望可以多宽限些时日。或许是看在她孤儿寡母的分上，众人没有过分地难为她，最后答应给她一些

时间让她再想办法。

债务的问题暂时解决了，可公司还是一个烂摊子。没有周转的资金，赵申玉只好把自己的房子做了抵押，用微薄的资金支撑起公司的运作。公司勉强运作起来了，可是人员也快流失光了，大部分人都不愿待在风雨飘摇的公司里，只有少数的几个人留了下来。

因为公司停止了一段时间，所以想要恢复以前的运作需要花费很大的精力，而且赵申玉对公司的业务是完全陌生的，所有的东西她都要从头学起。

接下来的日子，赵申玉一边虚心向公司的老员工求教，一边照顾老人孩子，高强度的劳作让她疲惫不堪。可是看到渐渐有起色的公司和安稳的家庭，她把所有的苦都咽进肚子里，然后继续努力。

经过两年的艰苦努力，赵申玉还清了所有债务，公司也重新进入了正轨。

此时的赵申玉已不再是当年的悠闲主妇，而变成了一位坚强、能干的女强人。苦难没有打倒她，反而为她展示了一番新的天地。

离合可以使人成熟，坎坷可以使人脱胎换骨。如果说之前你一直在被动地接受命运，那么从现在起就要主动地创造命运。对于坚强者而言，无论多少悲欢离合，无论多少坎坎坷坷，都不可怕，它们只是幸福的前奏曲。

第三辑　悟已往之不谏，知来者之可追

# 别在伤痕里执迷不悟

人生的成或败、乐或悲，有相当一部分取决于自己的心态。一个人心里想着快乐的事情，他就会变得快乐；心里想着伤心的事情，心情就会变得灰暗。那么，为何不放下烦恼，让自己活得更加快乐呢？

著名作家周国平写过一个寓言：

有一位少妇忍受不住人生苦难，遂选择投河自尽。恰恰此时，一位老艄公划船经过，二话不说便将她救上了船。

艄公不解地问道："你年纪轻轻，正是人生当年时，又生得花容月貌，为何偏要如此轻贱自己、要寻短见？"

少妇哭诉道："我结婚至今才两年时间，丈夫就有了外遇，并最终遗弃了我。前不久，一直与我相依为命的孩子又身患重病，最终不治而亡。老天待我如此不公，让我失去了一切，你说，现在我活着还有什么意思？"

艄公又问道："那么，两年以前你又是怎么过的？"

少妇回答："那时候自由自在，无忧无虑，根本没有生活的苦恼。"她回忆起两年前的生活，嘴角不禁露出了一抹微笑。

"那时候你有丈夫和孩子吗？"艄公继续问道。

"当然没有。"

"那么，你不过是被命运之船送回了两年前，现在你又自由自在，无忧无虑了。请上岸吧！"

少妇听了艄公的话，心中顿时敞亮许多，于是告别艄公，回到岸上，看着艄公摇船而去，仿佛如做了个梦一般。从此，她再也没有产生过轻生的念头。

无论是快乐，抑或是痛苦，过去的终归要过去，强行将自己困在回忆之中，只会令你备感煎熬！无论明天会怎样，未来终会到来，若想明天活得更好，就必须以积极的心态去迎接它。即便曾经一败涂地，也不过是被生活送回到了原点而已。

其实，每个人的一生都是在不断地得失中度过的，所有不如意和不顺心，其实都与在得失之间的心理调适做得不够有关系。人生如白驹过隙，如果我们在伤痕里执迷不悟，是否太亏欠这似水年华呢？学会淡忘，学会洒脱，人生才会有属于自己的精彩。

这些心理上的包袱虽然只属于你自己，但它却会令很多人为之担心不已，这其中包括你的父母、你的妻儿、你的朋友……有些时候，纵使放不下也要放。多愁善感、愁肠百结不但会伤害你自己，同时还会伤害那些关心你的人。难道你真的舍得他们每日为你提心吊胆，看着你郁郁寡欢的样子痛心不已吗？

## 与其内疚于心，不如尽力补救

没有一个人是没有过失的，只要有了过失之后勇于去改正，前途依然阳光，但若徒有感伤而不从事切实的补救工作，则是最要不得的！

偏偏很多人容易被负疚感左右。当然，其来源也各有不同。但最早真正可以让你感到愧疚的人，一定是你很爱的人。比如，你的父母、孩子、亲人、配偶和挚友。因此，愧疚与爱有关，这是一个人产生愧疚的早期根源。

愧疚的人总是习惯为痛苦"埋单"。一旦生活中发生了不愉快的事情，他们的第一反应就是反省自己。有了"愧疚"的痛苦感受，他们往往很难做出客观判断，因而相对的反应也往往是不客观、盲目的。

赫莉的母亲很早便守寡，她勤奋工作，以便让赫莉能穿上好衣服，在城里较好的地区住上令人满意的公寓，能参加夏令营，上名牌私立大学。她为女儿"牺牲"了一切。当赫莉大学毕业后，找到了一个报酬较高的工作。她打算独自搬到一个小型公寓去，公寓离母亲的住处不远。但人们纷纷劝她不要搬，因为母亲为她作出过那么大的牺牲，现在她撇下母亲不管是不对的。赫莉认为他们说得对，便同意与母亲住在一起。

后来她喜欢上了一个青年男子,但她母亲不赞成她与他交朋友,她和母亲大吵一番后离家出走了,几天后听人们说母亲因她的离家而终日哭泣,强有力的内疚感再一次作用于赫莉。她向母亲让步了。几年后,赫莉完全处于她母亲的控制之下。到最终,她又因负疚感造成的压抑毁了自己,并因生活中的每一个失败而责怪自己和自己的母亲。

极端愧疚的人实际上是生活在别人阴影中的人,不能够真切地感受自我,久而久之甚至会导致心理疾病的产生,乃至觉得自己不配活在这个世界上。

相比之下,哈蒙的情况就要好很多。

哈蒙是一位商人,长年在外经营生意,少有闲时。当有时间与全家人共度周末时,他非常高兴。

他年迈的双亲住的地方离他的家只有一个小时的路程。哈蒙也非常清楚自己的父母是多么希望见到他和他的家人。但是他总是寻找借口尽可能不到父母那里去,最后几乎发展到与父母断绝往来的地步。

不久,他的父亲死了,哈蒙好几个月都陷于内疚之中,回想起父亲曾为自己做过的许多好的事情。他埋怨自己在父亲有生之年未能尽孝心。在悲痛平定下来后,哈蒙意识到,再大的内疚也无法使父亲死而复生。认识到自己的过错之后,他改变了以往的做法,常常带着全家人去看望母亲,并同母亲经常保持电话联系。

其实内疚也可以说是人之常情,或许每个人都曾内疚过,我们的生活那么复杂,我们在经历学业、事业以及家庭琐事时,难免会做错事,那么就一定要内疚下去吗?千万不要这样,这是很可怕的事情,它会让你的生活失去绚丽的颜色。退一步说,即便深陷这后悔的自责之中,又有什么用?我们是不是该为自己的过错做点什么,如果你能尽力补救，相信你的心就会好过一些。

从另一方面说，内疚或许不完全是坏事，因为它确实可以让人变得更加成熟，也可以让人在今后的日子中减少痛苦并更有能力去摆脱痛苦。但怕的是，因为内疚而"走火入魔"，乃至痛恨自己、厌恶自己，直至厌恶了这个世界。其实，这更是一种不负责，是对自己、对亲友，乃至对曾被你伤害过之人的不负责。因为你这种状态如何去救赎自己的错误？而倘若你不能自我救赎，那无疑就是错上加错。所以说，人应该学会释放，不要深陷后悔的自责当中，应该振奋精神，投身到对错误的补救当中，这才是当下最该做的事情。

## 你可以孤单，但不许孤独

一辈子那么长，总免不了孤单一下，孤单不可怕，可怕的是孤独。如果记忆不是那么好，人是不是不会明白什么叫作孤独？往往经历了以后，才会发现在自己的记忆里，有多少是孤寂的，有多少是幸福的。

孤独是人生的一种痛苦，内心的孤寂远比形式上的孤单更为可怕。沉浸在孤独中的人离群索居，将自己的内心紧闭，拒绝温暖、自怜自艾，甚至有些人因此而导致性格扭曲，精神异常。如果不能忘记孤独，人生只有痛苦。

迈克尔·杰克逊走了，众所周知，这位世界级偶像的人生并不

快乐，他不止一次说过："我是人世间最孤独的人。"

他说："我根本没有童年。没有圣诞节，没有生日。那不是一个正常的童年，没有童年应有的快乐！"

他5岁那年，父亲将他和4个哥哥组成"杰克逊五兄弟"乐团。他的童年，"从早到晚不停地排练、排练，没完没了"；在人们尽情娱乐的周末，他四处奔波，直到星期一的凌晨四五点，才可以回家睡觉。

童年的杰克逊努力想得到父亲的认可，他"8岁成名，10岁出唱片，12岁成为美国历史上最年轻的冠军歌曲歌手"，但却仍得不到父亲的赞许，仍是时常遭到打骂。

12岁前的孩子，价值观、判断能力尚未建立，或正在完善中，父母的话就是权威。当他们不能达到父母过高的期望而被否定、责怪时，他们即便再有委屈，但内心深处仍然坚信父母是正确的。杰克逊长大后的"强迫行为、自卑心理"等，当和父亲的否定评价有关。

父亲还时常嘲笑他："天哪，这鼻子真大，这可不是从我这里遗传到的！"杰克逊说，这些评价让他非常难堪，"想把自己藏起来，恨不得死掉算了。可我还得继续上台，接受别人的打量"。

其后，迈克尔·杰克逊的"自我伤害"，多次忍受巨大痛苦整容，当和童年的这段经历有关。

杰克逊在《童年》中唱道："人们认为我做着古怪的表演，只因我总显出孩子般的一面……我仅仅是在尝试弥补从未享受过的童年。"

杰克逊说："我从来没有真正幸福过，只有演出时，才有一种接近满足的感觉。"

曾任杰克逊舞蹈指导的文斯·帕特森说："他对人群有一种

畏惧感。"

在家中，杰克逊时常向他崇拜的"戴安娜（人体模特）"倾诉自己的胆怯感，以及应付媒体时的慌恐与无奈。

他和猫王的女儿莉莎结婚，当时轰动了整个地球，但两人婚姻生活并不愉快。莉莎说："对很多事我都感到无能为力……感觉到我变成了一部机器。"1996年他又与黛比结成连理，但幸福的日子持续的也并不长，1999年两人离婚。之后，他又与布兰妮交往甚密，但布兰妮却一直强调：我们只是好朋友。

杰克逊直言不讳地承认："没有人能够体会到我的内心世界。总有不少的女孩试图这样做，想把我从房屋的孤寂中拯救出来，或者同我一道品尝这份孤独。我却不愿意寄希望于任何人，因为我深信我是人世间最孤独的人。"

感到孤独的人很多，又或者说，每个人或多或少都有些孤独感，然而，千万不要让孤独成为一种常态，因为这会令你找不到通向幸福的路。实际上，孤独的人只要放下过去的包袱，敞开心门接纳这个世界，就可以找到人生的伙伴，找到爱情与友谊。

其实，没有人会为你设限，人生真正的劲敌就是你自己。别人不会对你封锁沟通的桥梁，可是，如果自我封闭，又如何能得到别人的友爱和关怀。走出自己的狭小空间，敞开你的心门，用真心去面对身边的每一个人，收获友情和爱情的同时，你眼中的世界会更加美好。

# 每一刹那都是新生

"After all, tomorrow is another day",相信每一个读过美国作家玛格丽特·米切尔的《飘》的人,都会记得主人公思嘉丽在小说中多次说过的话。在面临生活困境与各种难题的时候,她都会用这句话来安慰和开脱自己,"无论如何,明天又是新的一天",并从中获取巨大的力量。

和小说中思嘉丽颠沛流离的命运一样,我们一生中也会遇到各种各样的困难和挫折。面对这些一时难以解决的问题,逃避和消沉是解决不了问题的,唯有以阳光的心态去迎接,才有可能最终解决。阳光的人每天都拥有一个全新的太阳,积极向上,并能从生活中不断汲取前进的动力。

克瓦罗先生不幸离世了,克瓦罗太太觉得非常颓丧,而且生活瞬间陷入了困境。她写信给以前的老板布莱恩特先生,希望他能让自己回去做以前的老工作。她以前靠推销世界百科全书过活。两年前她丈夫生病的时候,她把汽车卖了。于是她勉强凑足钱,分期付款才买了一部旧车,又开始出去卖书。

她原想,再回去做事或许可以帮她解脱她的颓丧。可是要一个人驾车,一个人吃饭,几乎令她无法忍受。有些区域简直就做不出什么成绩来,虽然分期付款买车的数目不大,却很难付清。

第二年的春天，她在密苏里州的维沙里市，见那儿的学校都很穷，路很坏，很难找到客户。她一个人又孤独又沮丧，有一次甚至想要自杀。她觉得成功是不可能的，活着也没有什么希望。每天，早上她都很怕起床面对生活。她什么都怕，怕付不出分期付款的车钱，怕付不出房租，怕没有足够的东西吃，怕她的健康情形变坏而没有钱看医生。让她没有自杀的唯一理由是，她担心她的姐姐会因此而觉得很难过，而且她姐姐也没有足够的钱来支付自己的丧葬费用。

然而有一天，她读到一篇文章，使她从消沉中振作起来，使她有勇气继续活下去。她永远感激那篇文章里那一句令人振奋的话："对一个聪明人来说，太阳每天都是新的。"她用打字机把这句话打下来，贴在她的车子前面的挡风玻璃上，这样，在她开车的时候，每一分钟都能看见这句话。她发现每次只活一天并不困难，她学会忘记过去，每天早上都对自己说："今天又是一个新的生命。"她成功地克服了对孤寂的恐惧和她对需要的恐惧。她现在很快活，也还算成功，并对生命抱着热忱和爱。她现在知道，不论在生活上碰到什么事情，都不要害怕；她现在知道，不必怕未来；她现在知道，每次只要活一天，而"对一个聪明人来说，太阳每天都是新的"。

在日常生活中可能会碰到极令人兴奋的事情，也同样会碰到令人消极的、悲观的事情，这本来应属正常。如果我们的思维总是围着那些不如意的事情转动的话，也就相当于往下看，那么终究会摔下去的。因此，我们应尽量做到脑海想的、眼睛看的，以及口中说的都应该是光明的、乐观的、积极的，相信每天的太阳都是新的，明天又是新的一天，发扬往上看的精神才能在我们的事业中获得成功。

# 2

## 倒掉昨日那杯茶，
## 生活才能洋溢出新茶香

很多时候，折磨人的并不是事情本身，而是我们留下的不良记忆。糟糕的事情过去了，也就没了，而记忆却残留在了我们的脑海之中，让伤痛一次又一次地重演。于是我们孤独了、寂寞了、害怕了、伤心了、脆弱了……我们觉得这是事情带给我们的伤害，可事实上这完全是拜记忆所赐，是记忆折磨着我们的心。

# 天生的缺陷，不是堕落的借口

　　天生的缺陷确实是一种残酷，可你不能因此而自卑消沉。既然缺陷无法改变，那么就要正视它，把它当成前进的动力。这样一来，缺陷也就有了价值。

　　"假如我能站起来吻你，这个世界该有多美啊！"

　　这句话是张海迪对自己的丈夫说过的一句话。可是，张海迪不能站起来，命运让她坐在轮椅上过她的一生。那么，在张海迪的眼里，这个世界就不美了吗？不是，在张海迪的眼里，这个世界依然美丽，只是自己只能坐在轮椅上欣赏这个世界的美丽。缺憾并不妨碍她笑对世间的心情。她有一个爱她的丈夫，有一个令许多健全人都羡慕的温馨的家。她不会因为身体的残疾逃避世人的目光。相反，她更注重与人的沟通。她会让别人给她倒水，会让人帮她拿放在高处的东西，会让人推着她出席各种活动……她丝毫不会觉得自卑、羞于见人，所以，她活得洒脱、活得幸福。

　　幼时的张海迪与常人无异，爱唱、爱跳、爱玩、爱闹。但不幸在她 5 岁时降临了，她被确诊为脊髓血管瘤，经过了多次脊椎穿刺之后，病情仍不见好转。

　　1973 年，全家人从农村返回莘县县城，那时的张海迪最想要的就是工作，她盼望能早日成为自食其力的人。但由于身体残疾，张海迪一直待业在家。深深的自卑感困扰着她,特别是当她无意间发现了自己的病历卡,"脊椎胸五节,髓液变性,神经阻断,手术无效"的字迹赫然映入眼帘时,张海迪萌发了轻生的念头。

但在家人的帮助下,张海迪的情绪逐渐稳定了下来。冷静思考之后,张海迪学起了针灸,诊断并为周围的人治病。在不断地学习和帮助他人的过程中,她看到了自己的价值,并从自卑的阴影中走了出来,最终活出了自信和光彩。

美国的国会议员爱尔默·托马斯也有一段痛苦的回忆:

"我15岁时,常常为忧虑恐惧和一些自卑所困扰。比起同龄的少年,我长得实在太高了,而且瘦得像支竹竿。我有6.2英尺高,体重却只有118磅。除了身体比别人高之外,在棒球比赛或赛跑各方面都不如别人。他们常取笑我,封我一个'马脸'的外号。我的自卑感特强,不喜欢见任何人,又因为住在农庄里,离公路远,也碰不到几个陌生人,平常我只见到父母及兄弟姐妹。

"如果我任凭烦恼与自卑占据我的心灵,我恐怕一辈子也无法翻身。一天24小时,我随时为自己的身材自怜,别的什么事也不能想。我的尴尬与惧怕实在难以用文字形容。我的母亲了解我的感受,她曾当过学校教师,因此告诉我:'儿子,你得去接受教育,既然你的体能状况如此,你只有靠智力谋生。'

"可是父母无力送我上学,我必须自己想办法。我利用冬季捉到一些貂、浣熊、鼬鼠类的小动物,春天来时出售得了4美元。再买回两头猪,养大后,第二年秋季卖得40美元。以这笔钱,我到印第安纳州去上师范学校。住宿费一周1.4美元,房租每周0.5美元。我穿的破旧衬衫是我妈妈做的(为了不显脏,她有意用咖啡色的布)。我的外套是父亲以前的,他的旧外套、旧皮鞋都不合我用,皮鞋旁边有条松紧带,已经完全失去了弹性。我穿着走路时,鞋子会随时

滑落。我没有脸去和其他同学打交道,只有成天在房间里温习功课。我内心深处最大的愿望是,有一天我能在服装店买件合身而体面的衣服。"

想想当时爱尔默·托马斯的处境是多么悲惨,生理的缺陷和生活的贫穷同时困扰着他。但托马斯没有消沉,在克服了自卑之后他的人生之路越来越顺利,50岁那年,托马斯成了俄克拉荷马州的国会议员。

愈研究那些有成就者的事业,你就会愈加深刻地感觉到,他们之中有非常多的人之所以成功,是因为他们开始的时候有一些会阻碍他们的缺陷,促使他们加倍地努力而得到更多的回报。正如威廉·詹姆斯所说的:"我们的缺陷对我们有意外的帮助。"

"如果我不是有这样的残疾,"那个在地球上创造生命科学基本概念的人写道,"我也许不会做到我所完成的这么多的工作。"达尔文坦然承认他的残疾对他有意想不到的帮助。

在现实之中,我们不能不承认自己在某些方面"确不如人",这是很自然的事。但是,这种现实的差距并不代表我们就是一个没有能力的"低能儿",更不应把这种差距变为自己失败的借口。

每个人都不会是"十分完美"的,都有各自的缺陷,但也有自己突出的优点。突出你的优点,正视你的缺陷,这就是你要做好的事。

第三辑　悟已往之不谏，知来者之可追

## 忘记糟糕的自己，得到一个新的开始

终日想着那些不幸的经历和已经犯下的错误，只会加剧自身的伤痛，只会让人对未来的看法越来越黑暗，心也越来越焦虑。

如果想要自己的心欢喜一些，就设法忘记那些因一时过错而带来的不幸和伤害。过去的成功也好、失败也罢，都不能代表现在和未来。可以说人的一生由无数的片断组成，而这些片断可以是连续的，也可以是风马牛毫无关联。说人生是连续的片断，无非是人的一生平平淡淡、无波无澜，周而复始地过着循环往复的日子；说人生是不相干的片断，因为人生的每一次经历都属于过去，在下一秒我们可以重新开始，可以忘掉过去的不幸、忘掉过去不如意的自己。

在雨果不朽的名著《悲惨世界》里，主人公冉·阿让本是一个勤劳、正直、善良的人，但穷困潦倒，度日艰难。为了不让家人挨饿，迫于无奈，他偷了一个面包，被当场抓获，判定为"贼"，锒铛入狱。

出狱后，他到处找不到工作，饱受世俗的冷落与耻笑。从此他真的成了一个贼，顺手牵羊，偷鸡摸狗。警察一直都在追踪他，想方设法要拿到他犯罪的证据，以把他再次送进监狱，他却一次又一次逃脱了。

在一个风雪交加的夜晚，他饥寒交迫，昏倒在路上，被一个好

心的神父救起。神父把他带回教堂，但他却在神父睡着后，把神父房间里的所有银器席卷一空。因为他已认定自己是坏人，就应干坏事。不料，在逃跑途中，被警察逮个正着，这次可谓人赃俱获。

当警察押着冉·阿让到教堂，让神父辨认失窃物品时，冉·阿让绝望地想："完了，这一辈子只能在监狱里度过了！"谁知神父却温和地对警察说："这些银器是我送给他的。他走得太急，还有一件更名贵的银烛台忘了拿，我这就去取来！"

冉·阿让的心灵受到了巨大的震撼。警察走后，神父对冉·阿让说："过去的就让它过去，重新开始吧！"

从此，冉·阿让洗心革面，重新做人。他搬到一个新地方，努力工作，积极上进。后来，他成功了，毕生都在救济穷人，做了大量对社会有益的事情。

我们习惯于淡忘生命中美好的一切，而对于痛苦的记忆，却总是铭记在心。难道真是因为痛苦会令我们记忆深刻吗？当然不是，这完全是出于我们对过去的执着。其实，昨日已成昨日，昨日的辉煌与痛苦都已成为过眼云烟，我们何必还要死死守着不放？将失意放在心上，它就会成为一种负担，容易让我们形成一种思维定式，结果往往令人依旧沉沦其中，甚至是走向堕落。如果能倒掉昨日的那杯茶，人生才能洋溢出新的茶香。

## 自怜居士病绵绵

事业不顺、婚姻不顺、生活不顺……种种不顺一时间都让你碰上了。这时，你一味地顾影自怜会觉得自己是天底下最倒霉的人。于是，从此在别人面前或者内心里，你成了一个自怜并需要别人同情的可怜人。于是，你变得真的可怜，而那个真实的自己就这样被掩盖起来。

如果你与生俱来的音乐天赋外加你在钢琴上下了10年的苦功，使你成为大众公认的音乐家了，你用你音乐的才能赚到了进大学的费用；你在大学医科选定了外科的专业，专心研习，希望将来能成为在社会上对患者是一个良好的服务者，同时，你又热心地希望用音乐做你的副业，而对于人类也有服务的机会。然而你正在这样热心地期待着将来的事业成功的时候，你不幸地遭遇车祸，你的双手被撞坏，在你的专业与爱好上都无法发挥作用。这时候，你该怎么办呢？

倘若你除音乐的才能之外，还有演说才能，当对外科与音乐都绝望时，你日夜训练，使自己成为一个演说家、教育家。经过几年的训练和研究之后，你居然做到了，并且赚了很多钱，却在这时候，你又得了严重的胃溃疡住进了医院。经过半年多的时间，病虽然好了，但大病初愈还须休养才能恢复。这时候，你又该怎么办呢？

　　以上的两个问题,都是梅森先生亲身经历的。上天既赋予梅森先生音乐和演说的才能,同时又赋予他不屈不挠的精神,所以他虽在这两种悲惨的情形之中,却从没有过自暴自弃的念头。虽然在这两种情形之中,他也曾有过失望,这正如一个人倾尽所有投资于一家工厂,等到工厂要开工的时候,正与保险公司洽谈的过程中,忽然半夜被人唤醒,他所有的一切都在半夜的火焰里化为灰烬的情形一样。

　　但是,自怜是于事无补的。在这时候,他得到了在小时候曾经发生过的一件事情的帮助。在他幼小的时候,他母亲先患伤寒,继之患肺炎,最后又患脑膜炎。医院和医师的记录可以证明在医药史料之中,他的母亲所经过的昏迷状态算是时期最长久者之一。他希望母亲醒过来,认得他,可母亲一直没有知觉。有一天晚上,父亲先后请来了几位医师,都说母亲的病无望了。将近半夜的时候,他们的家庭医师告诉父亲说,母亲的生命维持不到天亮了,让父亲预备后事。他听到这悲惨的消息哭叫一声,跪在父亲的脚边,抱着他的踝骨哭了起来。他的父亲立即抱起他来,要他站着。父亲看见他站也站不住只是哭个不休,于是正色望着他,对他说道:"儿子啊,这是人类不得不勇敢地站起来去对付的困难事件之一。"

　　梅森先生在儿童时期,父亲曾有多次对他加以体罚,想给他生活上的教训,但是,在他一生所受到父亲的许多教训之中,无过于在母亲的性命垂危的那夜所得到的。

　　隔了13年,他被汽车撞坏了双手,对于他理想中的前途完全绝望,他的心不知不觉回到了母亲临危的那天夜里,竟忍不住哭了起来。但是他的耳朵里忽然听到父亲的声音:"儿子啊,这是人类不得不勇敢地站起来对付的困难事件之一。"

　　多少年以来,梅森先生到处演说,到处播音,他曾遇到了很多的男女老少来他这里畅谈他们的不幸和悲伤，其中有许多人说："实在没办法了，我只得预备自杀！"但是，真的没有办法了吗？事实上不过甘心自弃罢了！

自怜的人其实比比皆是，他们就像祥林嫂一样，逢人便诉说自己的"不幸遭遇"，似乎这个世界上最值得同情的人就是他自己。他们原本是希望得到别人的理解和认同，结果却让周围的人越发反感，导致自己的生活圈子越来越狭小、朋友越来越少。

其实，自怜和冷热痛痒一样，也是一种自我察觉，是对现在状态的自我评价，然后会有相应的情绪和行为来进行自我调节。从这个角度上说，自怜虽然是一种消极心理，但适当的自怜也是有益身心的。打个比方来说，知道冷了就添衣显然有助于身体健康，那么"委屈"就像是心理健康的警戒线，督促人们及时心理"排毒"，这显然对身心健康也是有益的。不过，凡事过犹不及，自怜心理一旦过了头，对人对己都是祸害。最终像黛玉一样一腔幽怨化作淋漓鲜血也不无可能。

必须承认，这个世界上人所无法掌控的事情太多，别人的世界无法掌控，未来无法掌控，甚至有时连自己都无法掌控，失控感是人生中常常需要面对的事情。竭力想要掌控一切，必然会带来压力与焦虑，适度地放松控制，对身心都是一种平衡和益助。允许失控感的出现，接纳生命中出现的那些失控与失序，不要求一切尽在掌控，心就会进入一个更高层次的境界。如果有一天，你掀掉自我怜悯这个假面具，你会发现：还有一个比自己想象中更坚强的自己。

## 你可以创造全新的自己

　　选择可以决定方向，心态可以左右生活，细节可以决定命运。所以起点低并不要紧，怕的是没有追求。就算上帝创造了平凡的你，但你的每一个决定，都是在创造全新的自己。你的命运其实一直就在自己手上，所以别把自己的人生当儿戏。

　　人生其实充满了神奇，就算你的起点很卑微，但人生既然有无数种可能的开始，同样就会有无数种可能的结局，关键在于你对自己的创造力。事实上，很多成功人士的人生起点同样很低，但他们能够把这种困境转换成动力，在平凡的起点上，铆足了劲攀上不平凡的高度。而这些人成功的关键因素就是，他们对于生活的态度以及做人的心态。

　　其实他的出身很卑微，不过他身怀远大理想。多年前，他在83年版的《射雕英雄传》中扮演那个宋兵乙，为增添一点点戏份，他请求导演安排"梅超风"用两掌打死他，结果被告之"只能被一掌打死"。这个年轻时被称作"死跑龙套的"卑微小人物，第一次当着导演的面谈到演技时，在场的人无一例外都哄堂大笑。但他依然不断思索、不断向导演"进谏"，直至2002年自己当上导演。那年，他获得了金像奖"最佳导演奖"。

　　其实他有过低谷，他曾经是大学里的"小混混"，由于经常逃课而被老师责备。毕业后被分到当地的电信局当小职员，面对冗杂的机关工作，他感到既劳累又苦恼。后来他勇敢而果断地辞了职，然后自创网站，从而走向中国互联网浪潮的浪尖，他在2003年福布斯中国富豪榜中居第一位。

其实他曾经的工作很卑微，他当年是一个防盗系统安装工程师，依他的说法，"就是跟水电工差不多的工作"，"有时候装监视系统要先挖洞，一旦想到歌词就赶快写一下"。当年的他就是这么边干活边写词，半年积累了两百多首歌词。他选出一百多首装订成册，寄了100份到各大唱片公司。"我当时估计，除掉柜台小妹、制作助理、宣传人员减半再减半地选择性传递，只有12.5份会被制作人看到吧，结果被联络的概率只有1%。"其实那1%就是100%！1997年7月7日凌晨，他正准备去做安装防盗工作，有人打电话给他。那个人叫吴宗宪，同时走运的还有另一个无名小卒——周杰伦。他和周杰伦合作的歌从没人要，到要曲不要词，慢慢地曲词都要，之后单独邀词，但还会有三四个作者一起写，直到最后指定要他的词。

可能你已经猜到他们是谁了，一个是周星驰，一个是丁磊，一个是方文山。他们是目前中国最具知名度的人中的一部分。

他们在成名前或许和现在的你并无多大差别。所以请不要再抱怨出身低微、生不逢时、机会不等、伯乐难求，等等。要知道，其实每个人都有平等的机会博取成功，明天或者明年，同样会诞生像他们一样成功的人，就看是不是今天的你。

所以，马上改变你的心态！

你所遇到的困难更是一种历练，逆境虽然不能令每一个人成为周星驰、李咏、丁磊、方文山，但它确实造就了很多生活中的强者，造就了很多成功人士。而我们现在所要做的，就是把"不幸"放下，

努力成为他们之中的一分子。要知道，命运只是负责发牌，而打牌的却是我们自己，无论何时你都有主宰自己命运的权利。

## 别自卑，也别自负

有人感叹说："人啊，别拿自己不当人，也别拿自己太当人。"乍听起来，似乎不通，但细细琢磨，大有深意。不拿自己当人，是严重的自卑；拿自己太当人，则是典型的自负。前者自轻自贱、妄自菲薄、自我否定，好像生来就不如人，时时不如人，处处不如人。后者妄自尊大、目空一切、自我膨胀，好像生来就高人一等，无人可比。后者很明显是属于虚荣心过强的一类人。

这类人在虚荣心的促使下，失去了对自我的客观评价，他们觉得这个世界上"唯我最大"，"舍我其谁"，一副不知天高地厚的样子，说大话，吹大牛，以示自己是多么地与众不同和出类拔萃。

有一只黑雁从小生长在雁群中，但是后来它觉得自己和其他伙伴越来越格格不入了。随着黑雁不断长大，它的身躯变得比一般的伙伴都要庞大，而且它是一身黑色，这样看来，它简直就是这个群体中的异类了。

同伴们并没有因为它的与众不同而排挤它，但是它却开始瞧不起自己的同伴了。

"它们一个个那么瘦小，真是可悲，而且颜色还那么难看，哪有我这种黑色高贵！哦！生活在这样一个家庭里真是太不幸了，我本来应该和黑色的乌鸦生活在一起的……"

黑雁觉得乌鸦的生活很有情调，就像一位高贵的黑衣妇人，可以整天什么都不干，闲的时候还可以唱唱歌。于是，黑雁一心一意想要搬去和乌鸦同住。可是，乌鸦发现黑雁长得和自己不一样，而且声音也不一样，因此不想让它和自己一起住。

乌鸦带着厌恶的口气说："难道你不知道吗？你和我们根本就不是同一类，你再怎么高贵也只是一只大雁，我们不会喜欢你的……"

吃了闭门羹的黑雁无可奈何地只好回头去找它原来的伙伴。

"你不是看不起我们吗？和我们在一起会给你丢脸的，你还是走吧，这里没有人欢迎你！"

于是黑雁只好孤单地离开了雁群，在天空中发出凄凉的叫声。生活中，类似黑雁的"拿自己太当人"的人还真不少。这种人妄自尊大、目空一切、自我膨胀，好像生来就高人一等，无人可比。

如果一个人太自负了，就容易陷入一种莫名其妙的自我陶醉之中，变得不切实际地自高自大起来。他无视所有人对他的不满和提醒，终日沉浸在自我满足之中，对一切功名利禄都要捷足先登，这样的人得到的永远都是大家对他的不屑和蔑视。

所以，众叛亲离是对爱慕虚荣和忘本之人的惩罚。清楚地认识你自己，莫拿自己太当回事，否则你会处处遭到别人的排斥。

人生在世，各有各的位置，各有各的价值，我们每个人都不必轻视自己，也不应当拿自己太当一回事。

# 3

## 有一种健忘是高贵的,就是不记旧恶

　　宽容就是一种忘却。人人都有痛苦,都有伤疤,动辄去揭,便添新创,旧痕新伤难愈合。忘记昨日的是非,忘记别人先前对自己的指责和谩骂,时间是良好的止痛剂。学会忘却,生活才有阳光,才有欢乐。

# 宽恕别人，也是宽恕自己

也许昨天，也许很久以前，有人伤害了你，你不能忘记。你本不应受到这种伤害，于是你把它深深地埋在心里等待报复。不过现在你应该明白，这样做是毫无益处的，不肯放过别人就是不宽恕自己。

在这个世界里，一个人即使是出于好意也会伤害他人。朋友背叛你、父母责骂你、爱人离开你……总之，每个人都会受到伤害。

人一旦受到伤害的时候，最容易产生两种不同的反应：一种是怨恨，一种是宽恕。

怨恨是你对受到深深的、无辜伤害的自然反应，这种情绪来得很快。无论是被动的还是主动的，怨恨都是一种郁积着的邪恶。它窒息着快乐，危害着健康，它对怨恨者的伤害比被怨恨者更大。

消除怨恨最直接有效的方法就是宽恕。宽恕必须承受被伤害的事实，要经过从"怨恨对方"到"我认了"的情绪转折，最后认识到不宽恕的坏处，从而积极地去思考如何原谅对方。

宽恕是一种能力，一种停止伤害继续扩大的能力。

宽恕不只是慈悲，也是修养。

生活中，宽恕可以产生奇迹，宽恕可以挽回感情上的损失。宽恕犹如一个火把，能照亮由焦躁、怨恨和复仇心理铺就的黑暗道路。

曾任纽约州长的威廉·盖诺被一份内幕小报攻击得体无完肤之后，又被一个疯子打了一枪几乎送命。他躺在医院为他的生命挣扎的时候，他说："每天晚上我都原谅所有的事情和每一个人。"这样做是不是太理想了呢？是不是太轻松、太好了呢？如果是的话，就让我们来看看那位伟大的德国哲学家，也就是"悲观论"的作者叔本华的理论。他认为生气就是一种毫无价值而又痛苦的冒险，当他走过的时候好像全身都散发着痛苦，可是在他绝望的深处，叔本华叫道："如果可能的话，不应该对任何人有怨恨的心理。"

当耶稣说"爱你的仇人"的时候，他也是在告诉你：怎么样改进你的外表。你一定见过这样的女人，她们的脸因为怨恨而有皱纹，因为悔恨而变了形，表情僵硬。不管怎样美容，对她们容貌的改进，也及不上让她心里充满了宽容、温柔和爱所能改进的一半。

怨恨的心理甚至会毁了你对食物的享受。圣人说："怀着爱心吃菜，也会比怀着怨恨吃牛肉好得多。"

要是你的仇人知道你对他的怨恨使你筋疲力尽，使你疲倦而紧张不安，使你的外表受到伤害，使你得心脏病，甚至可能使你短命的时候，他们不是会拍手称快吗？

即使你不能爱你的仇人，至少也要爱你自己。要使仇人不能控制你的快乐、你的健康和你的外表。就如莎士比亚所说的："不要因为你的敌人而燃起一把怒火，热得烧伤你自己。"

你也许不能像圣人般去爱你的仇人，可是为了你自己的健康和快乐，你至少要忘记他们，这样做实在是很聪明的事。艾森豪威尔将军的儿子约翰说："我父亲不会一直怀恨别人。"他说："我爸爸从来不浪费一分钟，去想那些不喜欢的人。"

在加拿大杰斯帕国家公园里，有一座可算是西方最美丽的山，这座山以伊笛丝·卡薇尔的名字为名，纪念那个在1915年10月12

日像军人一样慷慨赴死、被德军行刑队枪毙的护士。她犯了什么罪呢？因为她在比利时的家里收容和看护了很多受伤的法国、英国士兵，还协助他们逃到荷兰。在10月的那天早晨，一位英国教士走进军人监狱——她的牢房里，为她做临终祈祷的时候，伊笛丝·卡薇尔说了两句将刻在纪念碑上不朽的话语："我知道光是爱国还不够，我一定不能对任何人有敌意和恨。"四年之后，她的遗体转移到英国，在西敏寺大教堂举行安葬大典。人们常常到国立肖像画廊对面去看伊笛丝·卡薇尔的那座雕像，同时朗读她这两句不朽的名言。

学着宽恕吧！遇事记恨别人的人，往往不能从被伤害的阴影中平安归来，痛苦总是如影随形，受伤害的反而是自己。因此，你一定要尽己所能地宽恕别人，这样做也正是在宽恕自己。

## 人有恩于我不可忘，而有怨于我则不可不忘

在你完全放下嗔恨的一刹那，你眼中的世界就变得和平了；当每一个人都放下嗔恨的时候，整个世界就变得和平了。智者的聪明之处在于，他们绝不会将仇恨深刻于心，让它无时无刻地折磨自己。他们知道，唯有"相逢一笑泯恩仇"的豁达与宽容，才是自己拓宽人脉的法宝。

所谓"我弃功于人不可念，而过则不可不念；人有恩于我不可忘，而怨则不可不忘"。感恩是华夏民族传承了几千年的传统美德，

从"滴水之恩,涌泉相报"到"衔环结草,以谢恩泽",以及我们常言的"乌鸦反哺,羔羊跪乳","感恩"在国人心中有着深厚的文化底蕴,滋养了一代又一代人。

感恩不是单纯地知恩图报,而是要求我们摒弃狭隘,追求健全的人格。做人,应常怀感恩之心,记住别人对我们的恩惠,洗去我们对别人的怨恨,唯有如此,才能在人生的旅程中自由翱翔。对人对事,我们若能将恩惠刻在石头上,将仇恨写在沙滩上,那么,我们的人生将会异常富足、异常饱满。

在这方面,唐太宗李世民堪称典范。

李世民临终前,预感自己时日无多,于是作了《帝范》十二篇赐给太子。他说:"修身立德,治理国家的事情,已经全在里面了。我有何不测,这就是我的遗言。除此以外,就没有什么可说的了。"太子接到《帝范》,非常伤心,泪如雨下。李世民说:"你更应当把古代的圣人们当作自己的老师,你若只学我,恐怕连我也赶不上了!"太子说道:"陛下曾叫臣到各地视察,了解民间疾苦。臣所到的地方,百姓都在歌颂陛下宽仁爱民。"李世民说道:"我没有过度使用民力,百姓受益很多,因为给百姓的好处多、损害少,所以百姓还不抱怨;但比起尽善尽美来,还差得远呢!"他又告诫太子说:"你没有我的功劳而要继承我的富贵,只有好好干,才能保住国家平安,若骄奢淫逸,恐怕连你自己都保不住。一个政权建立起来很难,而要败亡,那是很快的事;天子的位子,得到它很难,而失掉它却很容易。你一定得爱惜,一定得谨慎啊!"

太子李治叩着头说:"陛下的教诲儿臣当铭记在心,决不让陛下失望。"李世民说:"你能这样想,我也就没有什么不放心的了。"唐太宗教育太子,要求宽仁待人,报民众拥戴之恩,同时要念自己的过错,并不断地调适自己,端正行为。这种博大的心胸,严于律己、

宽以待人的精神，直到现在，不管是当政还是为学，都应当把它奉为楷模。

一个有修养的人不同于常人之处，首先在于他的恩怨观是以恕人克己为前提的。一般人总是容易记仇而不善于怀恩，因此有"忘恩负义"、"恩将仇报"、"过河拆桥"等说法，古之君子却有"以德报怨"、"涌泉相报"、"一饭之恩终身不忘"的传统。为人不可斤斤计较，少想别人的不足、别人待我的不是；别人于我有恩应时刻记于心。人人都这样想，人际就和谐了，世界就太平了。用现在的话讲，多看别人的长处，多记别人的好处，矛盾就化解了。

## 人生不仅要能承受，也要会释怀

人生不仅要学会承受，也要学会释怀。承受是一种忍耐，一种担当，一种宽容；而释怀则是一种心态，一种态度。忍受常人所不能忍受的，宽容常人所不能宽容的，处理别人所不能处理的。只有心胸开阔，才可以宽容别人；只有忠厚仁义，才可以容纳万物。

有这样一副楹联：满腔欢喜，笑开古今天下愁；大肚能容，了却人间多少事。没错，它说的就是弥勒佛，见过弥勒佛的人，往往都会陶醉于弥勒菩萨无与伦比的朗笑，更羡慕他的超级大肚子，但又有几人能够参透其中的禅意呢？

一尊数百年前的弥勒佛，因年久失修而残损，于是寺里请来佛工为其修葺。当佛工揭开弥勒佛的腹部，准备加固翻新时，在场的方丈和僧侣们无不惊愕动容、弥勒佛的腹里居然装着十二个男女老少的陶俑！

弥勒菩萨容人所不能容，容尽天下苍生，这是何等伟大的胸怀！这才是宽容的真谛，更是一种令人感动的仁爱。亦如法国作家雨果所说："世界上最宽广的是海洋，比海洋更宽广的是天空，比天空更宽广的是人的胸怀。"我们或许无法做到佛主那般博怀，但至少我们可以为自己的心灵创设一种大格局，忍人所不能忍，容人所不能容，若如此，则我们必能处人所不能处。

在河南省方城县，11年前，打工汉孔某沉浸在喜得千金的兴奋中时，妻子张某却告诉了他一个残酷的事实：这个新生命是她和别人的孩子！经过一番痛苦挣扎，孔某最终宽容了妻子，并将孩子视为己出。然而，11年后，这个孩子却患了白血病，生命告急！孔某能够做出惊人之举、允许妻子再次怀上旧情人的孩子用脐血干细胞挽救第一个孩子的生命吗？一方面是有悖传统道德的"奇耻大辱"，一方面是对11岁花季少女生命的无私拯救，孔某一颗平常而博大的心，被亲情和伦理这两条绳索揪紧了……

2003年4月10日上午，并非孔某亲生女儿的小华（化名）在学校突然晕倒，到医院诊病，结果确诊小华患的是要命的淋巴性白血病。

医生对孔某夫妇说，要想治好小华的病，需要张某再生个孩子，用新生儿的脐血挽救小华。这就意味着张某必须与旧情人任某再生一个孩子，这怎么可能呢？妻子张某痛苦地低下了头，孔某更是痛苦万分：本来小华就不是自己的骨肉，怎么能再要一个又不是自己骨肉的孩子呢？

经过反复思考，孔某作出了一个令人难以置信的决定：让张某

与任。再生一个孩子救小华！然而，这个决定遭到了张某的坚决反对："这十多年来，我们早就没有任何来往，况且双方都已有家室，你让我怎么跟他讲？再说，我至死都不想让任某知道小华是他的亲生女儿，我更不能再做对不起你的事啊！"

"生命高于一切。为了小华的生命，请你好好考虑考虑吧！"孔某诚恳地对张某说。张某又何尝不想救女儿呢？只是她万分珍惜与孔某的感情，实在不愿让这份感情再受到任何玷污了。

考虑了三天，张某觉得自己无论如何都不可能再和任某有什么瓜葛。如果能用其他的方法与任某再生一个孩子，倒还可以考虑。与孔某商量后，夫妇俩坦率地把自己的隐私对大夫讲明了，大夫说："你们可以采用人工授精的方法怀孕，这样也能使孩子获救。"

2004年春节前夕，孔某找到并说服了任某，使任某答应献出精子。

2004年3月医生为张某做了特殊的人工授精手术。手术做得很顺利，一个多月以后，张某就怀孕了。看着妈妈渐渐隆起的肚皮，小华知道新的小生命与自己的生命紧紧相系，久违的笑容再一次回到了她的脸上。

2005年1月5日，张某在县妇幼保健院顺利产下一个女婴。生产以后，孔某当即带上装在保温箱里的一段脐带，到省人民医院做配型化验。1月11日，从郑州传来喜讯，配型成功！2月7日，张某刚刚坐完月子，孔某和她就带着两个女儿到医院，找到了大夫，大夫马上安排孩子住院，观察七天后，为小华做了亲体配型脐血干细胞移植手术。手术进行了两个半小时，非常成功。住院观察期间，小华未出现大的排异反应，于3月11日痊愈出院。小华稚嫩的生命终于又重新扬起了希望的风帆。

显然，孔某就这样承受了有悖传统伦理的"奇耻大辱"，奉献了拯救孩子生命的大爱！尽管他因此陷入了难言的尴尬和隐痛，但他的人生却因此显现了人性的光芒，令人肃然起敬。即便人们知道了其中的隐情，谁还能忍心讥讽他？因为任何人都难以做到。所以，能做到的人才最值得别人去尊敬和赞美。

## 宽容如水让世界变得纯净

你若能容下这个世界，这个世界也能容下你。这个世界是宽广的，你的心跟它一样宽广，你肯定会"量大福大"——至少你的心灵会是幸福的。

宽，则能容；容，则能和；和，则能平。一念间的宽容，能换来长久的安乐；一时的委屈，能换来最后的成功。

美国前总统林肯少年时期曾在一家杂货店打工。有一次，一位顾客的钱包被另一位顾客拿走了，丢了钱包的顾客认为钱是在店中丢的，所以杂货店应当负责，便与林肯发生了争执。而杂货店的老板为此开除了林肯，老板说："我必须开除你，因为你令顾客对我们店的服务很不满意，因此我们将失去许多生意，我们应该学会宽恕顾客的错误，顾客就是我们的上帝。"

林肯一直都不接受这位顾客的无理和原谅老板的不通情理，但是很多年以后，做了总统的林肯却意味深长地说："我应该感谢杂货店的老板，是他让我明白了宽恕是多么的重要。"

宽恕别人，就是善待自己。仇恨只能永远让我们的心灵生存在黑暗之中；而宽恕却能让我们的心灵获得自由，获得解脱。佛陀常常告诫弟子们，"比丘常带三分呆"，是要弟子们做大智若愚之状，凡事不要太计较，即使遭到了别人的无礼也要宽恕他们，因为宽恕别人，也是升华自己。

20世纪50年代，台湾的许多商人知道于右任是著名的书法家，纷纷在自己的公司、店铺、饭店门口挂起了署名于右任题写的招牌，以此招徕顾客。其中确为于右任所题的极少，赝品居多。

一天，一学生匆匆地来见于右任，说："老师，我今天中午去一家平时常去的小饭馆吃饭，想不到他们居然也挂起了以您的名义题写的招牌。明目张胆地欺世盗名，您老说可气不可气！"

正在练习书法的于右任"哦"了一声，放下毛笔，然后缓缓地问："他们这块招牌上的字写得好不好？"

"好我也就不说了。"学生叫苦道，"也不知他们在哪儿找了个新手写的，字写得歪歪斜斜，难看死了。下面还签上老师您的大名，连我看着都觉得害臊！"

"这可不行！"于右任沉思片刻，说道，"你说你平时经常去那家馆子吃饭，他们卖的东西有啥特点，铺子叫个啥名？"

"这是家面食馆，店面虽小，饭菜都还做得干净。尤其是羊肉泡馍做得特地道，铺名就叫'羊肉泡馍馆'。"

"呃……"于右任沉默不语。

"我去把它摘下来！"学生说完，转身要走，却被于右任喊住了。

"慢着，你等等。"

于右任顺手从书案旁拿过一张宣纸，拎起毛笔，刷刷在纸上写下了些什么，然后交给恭候在一旁的学生，说道："你去把这个东西交给店老板。"

学生接过宣纸一看，不由得呆住。只见纸上写着笔墨酣畅、龙飞凤舞的几个大字"羊肉泡馍馆"，落款处则是"于右任题"几个小字，并盖了一方私章。整个书法，可称漂亮之至。

"老师，您这……"学生大惑不解。

"哈哈。"于右任抚着长髯笑道，"你刚才不是说，那块假招牌的字实在是惨不忍睹吗？这冒名顶替固然可恨，但毕竟说明他还是瞧得上我于某人的字，只是不知真假的人看见那假招牌，还以为我于大胡子写的字真的那样差，那我不是就亏了吗？我不能砸了自己的招牌，坏了自己的名！所以，帮忙帮到底，还是麻烦你跑一趟，把那块假的给换下来，如何？"

"啊，我明白了。学生遵命。"转怒为喜的学生拿着于右任的题字匆匆去了。就这样，这家羊肉泡馍馆的店主竟以一块假招牌换来了当代大书法家于右任的墨宝，喜出望外之余，未免有惭愧之意。

宽恕，亦是一种净化。当我们手捧鲜花送给他人时，首先闻到花香的是我们自己；而当我们抓起泥巴想抛向他人时，首先弄脏的就是我们自己的手。

宽恕别人并不困难，但也不容易，关键是看我们的心灵是如何选择的。对愤怒的人，以愤怒还牙，是一件不应该的事。对愤怒的人，不以愤怒还牙的人，将可得到两个胜利：知道他人的愤怒，而以正念镇静自己的人，不但能胜于自己，也能胜于他人。这就是宽恕的力量。

## 一个伟大的人有两颗心：
## 一颗流血，一颗宽容

　　《贤愚经》上说："常行于慈心，除去恚害想。"意在告诉世人：做人，一定要保持一颗慈爱的心，除去那些怨恨别人的想法。因为憎恨别人对自己是一种很大的损失。恶语永远不要出自于我们的口中，不管他有多坏，有多恶。你骂他，你的心就被污染了。你要想，他就是你的善知。我们不能改变周遭的世界，我们就只好改变自己，用慈悲心和智慧心来面对这一切。拥有一颗无私的爱心，便拥有了一切。根本不必回头去看咒骂你的人是谁？如果有一条疯狗咬你一口，难道你也要趴下去反咬它一口吗？

　　诚然，当你受到了真正的不公平待遇时，你完全有理由怨恨他人，因为你是真的受了委屈。可是，请冷静想一想，当你怨恨他人时，你从中又得到了什么呢？事实上，你所得到的只能是比对方更深的伤害。你的怨恨对他人不起任何作用，反而会因内心怨恨影响自身健康。

　　想想看，是不是应该改变自己的态度呢？要知道，我们所受到的不公，仅仅是因为我们的心理有所欲求。如果我们不看重自己心理上的这份欲求，或者把这份欲求看得很淡，那么不公又从何而起呢？

当然，除非有特殊的原因，你不必与那些与你之间存在着嫌隙的人表现友好，但是，如果你不愿意原谅和学会遗忘，那么你也就否认了自己是一个真正的受害者。这样一来，你对他人的怨愤也就会因此而升级，你自己所受到的伤害也同样会由此而升级。

一只脚踩扁了紫罗兰，它却把香味留在那脚上，这就是宽恕。

曼德拉因为领导反对白人种族隔离的政策而入狱，白人统治者把他关在荒凉的大西洋小岛罗本岛上27年。当时曼德拉年事已高，但看守他的狱警依然像对待年轻犯人一样对他进行残酷虐待。

罗本岛上布满岩石，到处是海豹、蛇和其他动物。曼德拉被关在总集中营的一个锌皮房中，白天打石头，将采石场的大石块碎成石料。他有时要下到冰冷的海水里捞海带，有时干采石灰的活儿——每天早晨排队到采石场，然后被解开脚镣，在一个很大的石灰石场里，用尖镐和铁锹挖石灰石。因为曼德拉是要犯，看管他的看守就有3人。他们对他并不友好，总是寻找各种理由虐待他。

1991年曼德拉出狱当选总统以后，他在就职典礼上的一个举动震惊了整个世界。

总统就职仪式开始后，曼德拉起身致辞，欢迎来宾。他依次介绍了来自世界各国的政要。然后他说，能接待这么多尊贵的客人，他深感荣幸，但他最高兴的是，当初在罗本岛监狱看守他的3名狱警也能到场。随即他邀请他们起身，并把他们介绍给大家。

曼德拉的博大胸襟和宽容精神令那些残酷虐待了他27年的白人汗颜，也让所有到场的人肃然起敬。看着年迈的曼德拉缓缓站起，恭敬地向3个曾关押他的看守致敬，在场的所有来宾以致整个世界都静下来了。

后来，曼德拉向朋友们解释说，自己年轻时性子很急，脾气暴躁，正是狱中生活使他学会了控制情绪，因此才活了下来。牢狱岁

月给了他时间与激励,也使他学会了如何处理自己遭遇的痛苦。

他说:"当我迈过通往自由的监狱大门时,我已经清楚,自己若不能把悲痛与怨恨留在身后,那么我其实仍在狱中。"

在这个世界上,悲痛和愤怒的人大致可以分为两种:第一种人始终生活在愤怒及痛苦的阴影下;第二种人却能得到超乎常人的同情心和深度。

令人心碎的事,例如大病、孤独和绝望,在人的一生中都难以幸免。失去珍贵的东西之后,总有一段时间会伤心、绝望。问题是,你最后到底变得更坚强呢,还是更软弱?

事实上,忘记你所受到的不公,忘记对他人的怨愤,最终最大的受益者只能是你自己。当你忘记了怨愤,学会了遗忘和原谅,你就会发现,原来你所认为的那些所谓的不公,其实根本不值一提,因为它们在你的一生之中,是那么地微不足道。而你也同时会认识到,抛开对他人的怨愤之心,你所获得的快乐是你这一生都享受不尽的。

# 4

## 不悲过去，不慕将来

　　人生应有两个目标：第一是得到所想要的东西，尽力去争取；第二是享受它，享受拥有它的每一分钟。而常人总是朝着第一个目标迈进，却从来不去争取第二个目标，因为他们根本不懂得享受。假如你陷入了这种境况，那么你就需要改变你的想法，多去想一想你已经拥有的，而不要太贪心地去追求你还没有得到的。

## 在浮华中挣扎，搁浅了身边的美

你是否还在看轻你的所有呢？因为拥有你，才不珍视，总觉美好的东西在别处。放弃这种想法吧！你所拥有的就是世界上最好的东西。

所以，拥有花，就去深嗅花的芬芳；拥有草，就去欣赏草的青绿。怀有一颗淡泊之心品尝已有果实的美味，才能获得真实的快乐。生命，这样就好。

有一个青年很不快乐，终日郁郁寡欢。一天，他去拜见一位智者以讨求快乐良方。智者说，只有世界上你认为最好的东西才能使你快乐。于是他决定去寻找世界上最好的东西。

他收拾行装，辞别妻儿老小，踏上了漫漫旅途。

第一天，他遇见了一位政客，他问："先生，您知道世界上最好的东西是什么吗？"政客立刻回答说："世界上最好的东西嘛，是至高无上的权力。"他想了想，觉得权力对自己并没有多大的诱惑力。于是他又去寻找。

第二天，他遇到了一个在墙角晒太阳的乞丐，他问："你知道世界上最好的东西是什么吗？"乞丐眯着眼睛，懒洋洋地说："最好的东西？就是色香味俱全的美味佳肴呀。"他想了想，自己对食物并没有太多的渴望，所以也不认为那是世界上最好的东西。

第三天，他遇见了一个漂亮的女人，他问："你知道世上最好的东西是什么吗？"女人兴高采烈地脱口而出："当然是法国巴黎高档而漂亮的时装了！"他觉得自己对时装也不感兴趣。

第四天，他遇见了一位重病的人，他问："你知道世界上最好的东西是什么吗？"病人恹恹地说："那还用问吗？是健康的体魄。"这个人想，健康怎么会是最好的东西呢？我拥有它，但是我不认为它就是世界上最好的东西。

第五天，他遇见了一个在阳光下玩耍的儿童，他问："你知道世界上最好的东西是什么吗？"

儿童天真地说："是好多好多的玩具！弹子啊什么的。"这个人摇了摇头，继续去寻找世界上最好的东西。

接着他又先后遇到了一个老妇人、一个商人、一个囚犯、一个母亲和一个年轻的小伙子。

老妇人告诉他："年轻是世界上最好的东西。"

商人说："利润是世界上最好的东西。"

囚犯说："自由是世界上最好的东西。"

母亲说："我的宝贝孩子是世上最好的东西。"

年轻的小伙子说："我爱过一个姑娘，她的甜蜜的吻是世上最好的东西。"

可是，没有一个回答令他满意。

他继续走啊走啊。最后，他穿过川流不息、熙熙攘攘的人群，带着五花八门的"答案"又回到了智者那里。

智者见他回来了，似乎知道了他的遭遇和失望，于是微笑着说："先不要去追究你的问题，它永远不会有一个确切而唯一的答案。你现在考虑这样一个问题——把你最喜欢的东西找出来，告诉我。"

这个人经过长途跋涉，已是饥寒交迫、满面尘灰。他想了一会

儿，对智者说："我出门很久了，我想念我亲爱的妻子和可爱的孩子，想念一家人冬夜里围着火炉谈笑聊天的情景……"说到这里，他不由得感叹，"那是我现在最喜欢的东西啊！"

智者拍了拍他的肩，说："回去吧！你最好的东西在你的家里，它们可以使你快乐起来。"

这个人不甘心，疑惑地问："可我就是从那里走出来的啊？！"

智者笑了，说："你出来之前，不知道自己喜欢什么东西；但你出来之后——比如现在，你已经知道了自己喜欢什么样的东西了。"

无论如何，不要让自己的心灵被已失去的或得不到的东西所左右，那只会让你越来越疲惫，而且在追逐过程中你反而会失去现在所有的一些东西。还是珍惜眼前实实在在的生活和你所拥有的一切吧！

# 让心在繁华过尽依然温润如初

当一生的浮华都化作云烟，一世的恩怨都随风飘散，若能依旧两手相牵，又何惧姿容褪尽、鬓染白霜？活在真实的世界里，让心在繁华过尽依然温润如初。

那年情人节，公司的门突然被推开，紧接着两个女孩抬着满满一篮红玫瑰走了进来。

"请茹茹小姐签收一下。"其中一个女孩礼貌地说道。

办公室的同僚们都看傻眼了，那可是满满一篮红玫瑰，这位仁兄还真舍得花钱。正在大家发怔之际，茹茹打开了花篮上的录音贺卡："茹茹，愿我们的爱情如玫瑰一般绚丽夺目、地久天长——深爱你的峰。"

"哇塞！太幸福了！"办公室开始嘈杂起来，年轻女孩子都围着茹茹调侃，眼中露出难以掩饰的羡慕光芒。

年过30的女主管看着这群丫头微笑着，眼前的景象不禁让她想起了自己的恋爱时光。

老公为人有些木讷，似乎并不懂得浪漫为何物，她和他恋爱的第一个情人节，别说满满一篮红玫瑰，他甚至连一枝都没有买。更可气的是，他竟然送了她一把花伞，要知道"伞"可代表着"散"的意思。她生气，索性不理他，他却很认真地表白："我之所以送你花伞，是希望自己能像这伞一样，为你遮挡一辈子的风雨！"她哭了，不是因为生气，而是因为感动。

诚然，一把花伞远不及一篮红玫瑰来得养眼，但在懂爱的人心中，它们拥有同样的内涵，它们同样是那般浪漫。

爱不应以车、房等物质为衡量标准；在相爱的人眼中，不应有年老色衰、相貌美丑之分。爱是文君结庐沽酒的执着与洒脱，爱是孟光举案齐眉的尊重与和谐，爱是口食清粥却能品出甘味的享受与恬然，爱是"执子之手，与子偕老"的死生契阔。在懂爱的人心中，爱俨然可以超越一切的世俗纷扰。

爱的故事又何止千万？其中不乏欣喜、不乏悲戚；不乏圆满、不乏遗憾。那么，看过下面这个故事，不知大家从中能够领会到什么。

雍容华贵、仪态万千的公主爱上了一个小伙，很快，他们踩着玫瑰花铺就的红地毯步入了婚姻殿堂。故事从公主继承王位、成为

权力威慑无边的女王说起。

随着岁月的流逝,女王渐渐感到自己衰老了,花容月貌慢慢褪却,不得不靠一层又一层的化妆品换回昔日的风采。"不,女王的尊严和威仪绝不能因为相貌的萎靡而减损丝毫!"女王在心中给自己下达了圣旨,同时她也对所有的臣民,包括自己的丈夫下达了近乎苛刻的规定:不准在女王没化妆的时候偷看女王的容颜。

那是一个非常迷人的清晨,和风怡荡,柳绿花红,女王的丈夫早早起床在皇家园林中散步。忽然,随着几声悦耳的啁啾鸟鸣,女王的丈夫发现树端一窝小鸟出世了。多么可爱的小鸟啊!他再也抑制不住内心的喜悦,飞跑进宫,一下子推开了女王的房门。女王刚刚起床,还没来得及洗漱,她猛然一惊,仓促间回过一张毫无粉饰的白脸。

结局不言而喻,即使是万众敬仰的女王的丈夫,犯下了禁律,也必须与庶民同罪——偷看女王的真颜只有死路一条。

女王的心中充满了悲哀,她不忍心丈夫因为一时的鲁莽和疏忽而惨遭杀害,但她又绝不能容忍世界上任何一个人知道她不可告人的秘密。斩首的那一天,女王泪水涟涟地去探望丈夫。这些天以来,女王一直渴望知道一件事,错过今日,也就永远揭不开谜底了。终于,女王问道:"没有化妆的我,一定又老又丑吧?"

女王的丈夫深情地望着她说:"相爱这么多年,我一直企盼着你能够洗却铅华,甚至摘下皇冠,让我们的灵魂赤诚相容。现在,我终于看到了一个真实的妻子,终于可以以一个丈夫的胸怀爱她的一切美好和一切缺欠。在我的心中,我的妻子永远是美丽的,我是一个多么幸福的丈夫啊!"

故事最后的结局呢?显然已不重要!它让我们知道,真正的爱情可以穿越外表的浮华,直达心灵深处。然而,喜爱猜忌的人们却在人与人之间设立了太多屏障，乃至于亲人、爱人之间也不能坦然相对。除去外表的浮华，卸去心灵的伪装，活在真实的世界里，才可以实现人与人的真正融合。

## 不羡慕繁华，不刻意雕琢

凡尘俗事的纷繁芜杂使我们渐染失于心性的杂色，每一次的呈现都多了一点修饰，每一次的语言都少了一分真实。习惯于疲惫的伪装，总以为这样就可以赢得更多，过得更好。蓦然回首，那些希冀着的仍需希冀，那些渴盼着的仍需渴盼，唯独改变了的是自己的本性。扪心自问："我是否在意过自己最真实的内心世界？尊重过自己的本性？"心会告诉你那个最真实的答案。有多少人曾想过改变自己，以追逐想要的一切，到头来才发现，自己做了一个邯郸学步的寿陵少年，不仅没有得到自己想要的，还丢了自己最初拥有的。那么，当初为什么就不能尊重自己的本性，做那个最真的自己？也许正是因为没有彻悟。

文喜禅师去五台山朝拜，到达前，晚上在一茅屋里住宿，茅屋里住着一位老翁。文喜就问老翁："此间道场内容如何？"

老翁回答道："龙蛇混杂，凡圣交参。"

文喜接着问："住众多少？"

老翁回答："前三三、后三三。"

文喜第二天起来，茅屋不见了，只见文殊骑着狮子步入云中，文喜自悔有眼不识菩萨，空自错过。

文喜后来参访仰山禅师时开悟，安心住下来担任煮饭的工作。一天他从饭锅蒸汽上又见文殊现身，便举铲打去，还说："文殊自文殊，文喜自文喜，今日惑乱我不得了。"

文殊说偈云："苦瓜连根苦，甜瓜彻蒂甜，修行三大劫，却被这僧嫌。"

有时我们因总把眼光放在外界，追逐于自己所想的美好事物，常常忽视了自己的本性，在利欲的诱惑中迷失了自己，所以才终日心外求法，因此而患得患失。如果能明白自己的本性，坚守自己的心灵领地，又何必自悔自恼呢？

诗人卞之琳写道："你站在桥上看风景，看风景的人在楼上看你。"带着妻儿到乡间散步，这当然是一道风景；带着恋人在歌厅摇曳，也是一种情调；大权在握的要员静下心来，有时会羡慕那些路灯下对弈的老百姓，可是平民百姓没有一个不期盼来日能出人头地的；拖家带口的人羡慕独身的自在洒脱，独身者却又对儿女绕膝的那种天伦之乐心向往之……

皇帝有皇帝的烦恼，乞儿有乞儿的欢乐。乞儿的朱元璋变成了皇帝，皇帝的溥仪变成了平民，四季交错，风云不定。一幅曾获世界大赛金奖的漫画画出了深意：第一幅是两个鱼缸里对望的鱼，第二幅是两个鱼缸里的鱼相互跃进对方的鱼缸，第三幅和第一幅一模一样，换了鱼缸的鱼又在对望着。

我们常常会羡慕和追求别人的美丽，却忘了尊重自己的本性，稍一受外界的诱惑就可能随波逐流。事实上，每一个人都有自己独有的优点和潜力，只要你能认识到自己的这些优点，并使之充分发挥，你也必能成为某一领域的领军人物。

王羲之的伯父王导的朋友太尉郗鉴想给女儿择婿。当他知道丞相王导家的子弟个个相貌堂堂，于是请门客到王家选婿。王家子弟知道之后，一个个精心修饰，规规矩矩地坐在学堂，看似在读书，心却不知飞到哪儿去了。唯有东边书案上，有一个人与众不同，他还像平常一样很随便，聚精会神地写字，天虽不热，他却热得解开上衣，露出了肚皮，并一边写字一边无拘无束地吃馒头。当门客回去把这些情形如实告知太尉时，太尉一下子就选中了那个不拘小节的王羲之。太尉认为王羲之是一个敢露真性情的人。他尊重自己的本性，不会因外物的诱惑而屈从盲动，这样的人可成大器。

所以，做人没有必要总是做一个跟从、一个旁观者，只需知道自己的本性就足可以成为一道风景。不羡慕繁华，不刻意雕琢，对人朴实，做事踏实，不从外物取物，而从内心取心，先树自己，再造一切，这才是你首先要做的。

# 回不到从前，便活在当下

不能尽快适应新环境，就会导致过分的怀旧。一些人在人际交往中只能做到"不忘老朋友"，但难以做到"结识新朋友"，个人的交际圈也大大缩小。此类过分的怀旧行为将阻碍着人去适应新的环境，使你很难与时代同步。回忆是属于过去的岁月的，一个人应该不断进步。我们要试着走出过去的回忆，不管它是悲还是喜，不能

让回忆干扰我们今天的生活。

张雯雯是某校一名普通的学生。她曾经沉浸在考入重点大学的喜悦中，但好景不长，大一开学才两个月，她已经对自己失去了信心，连续两次与同学闹别扭，功课也不能令她满意，她对自己失望透了。

她自认为是一个坚强的女孩，很少有被吓倒的时候，但她没想到大学开学才两个月，自己就对大学四年的生活失去了信心。她曾经安慰过自己，也无数次试着让自己抱有希望，但换来的却只是一次又一次的失望。

以前在中学时，几乎所有老师跟她的关系都很好，很喜欢她，她的学习状态也很好，学什么像什么，身边还有一群朋友，那时她感觉自己像个明星似的。但是进入大学后，一切都变了，人与人的隔阂是那样明显，自己的学习成绩又如此糟糕。现在的她很无助，她常常这样想：我并没比别人少付出，并不比别人少努力，为什么别人能做到的，我却不能呢？她觉得明天已经没有希望了，她想难道12年的拼搏奋斗注定是一场空吗？那这样对自己来说太不公平了。

进入一个新的学校，新生往往会不自觉地与以前相对比，而当困难和挫折发生时，产生"回归心理"更是一种普遍的心理状态。张雯雯在新学校中缺少安全感，不管是与人相处方面，还是自尊、自信方面，这使她长期处于一种怀旧、留恋过去的心理状态中，如果不去正视目前的困境，就会更加难以适应新的生活环境、建立新的自信。

一个人适当怀旧是正常的，也是必要的，但是因为怀旧而否认现在和将来，就会陷入病态。不要总是表现出对现状很不满意的样子，更不要因此过于沉溺在对过去的追忆中。当你不厌其烦地重复述说往事，述说着过去如何如何时，你可能忽略了今天正在经历的体验。把过多的时间放在追忆上，会或多或少地影响你的正常生活。

我们需要做的是尽情地享受现在。过去的再美好抑或再悲伤，那毕竟已经因为岁月的流逝而沉淀。如果你总是因为昨天而错过今天，那么在不远的将来，你又会回忆着今天的错过。在这样的恶性循环中，你永远是一个迟到的人。

说穿了，回到从前也只能是一次心灵的谎言，是对现在的一种不负责的敷衍。史威福说："没有人活在现在，大家都为其他时间活着做准备。"所谓"活在现在"，就是指活在今天，今天应该好好地生活。这其实并不是一件很难的事，我们都可以轻易做到。

## 现在是你的，难道这还不够吗

有的人对爱人以前的爱情经历耿耿于怀，他们总喜欢对对方过去的爱情经历刨根问底，在想象中塑造着对方往日恋人的形象，然后拿来和自己反复做着比较。在这种比较中，常常会产生忌妒、愤怒、自卑等消极情绪，从而构成对自己目前恋情的致命威胁。

姚宁在大学时代就和同班同学云纭谈起了恋爱，两个人的感情一直都很稳定。可是大学毕业后，云纭去了美国留学，姚宁考虑到自己的事业在国内更有前途，所以根本就没有去国外的打算，而云纭又不想很快回国，所以两个人经过协商，友好地分手了。

　　一次偶然的机会，一名叫吴晓的女护士闯进了姚宁的视线。经过长时间观察，姚宁发现吴晓虽然只是中专毕业，但是人长得很漂亮，而且为人热情、大方、善良而又有耐心，他觉得这种女孩非常适合做自己的妻子，因为自己是个事业狂，如果能够娶到吴晓这样的女孩做妻子，她一定会是个贤内助，肯定能成为自己发展事业的好帮手。于是在他的狂热追求下，吴晓终于成了他的恋人。

　　为了避免不必要的麻烦，姚宁从未对吴晓说起自己过去和云纭的那段恋情。而姚宁和吴晓的感情也越来越热烈，甚至到了谈婚论嫁的地步。也正如姚宁所料，吴晓果然对他的事业帮助很大。休班的时候，吴晓总是到姚宁的住处帮助他打扫房间、洗衣、做饭，有时还帮助他查阅、打印资料，两个人都充分享受着爱情的甜蜜和美满。

　　可是，有一天，姚宁的一位大学同学从外地来这里出差，晚上在饭店为老同学接风的时候，姚宁带吴晓一起去了。由于久别重逢，姚宁和那位老同学都感到很兴奋，于是两个人都喝得有点过了，那个老同学忽略了吴晓的感受，对姚宁说，他们这些老同学都对姚宁和云纭的分手感到十分遗憾，因为云纭是那样才华横溢，将来肯定能在事业上大有作为，老同学原本都以为他们俩是天造地设的一对，在事业上一定会是比翼双飞。

　　虽然那位老同学也说，今天见了吴晓后，也就不会再遗憾了，因为吴晓的漂亮和善解人意都是云纭所无法比拟的。但是这丝毫没有减轻吴晓心中的痛苦，她第一次知道在自己之前，姚宁还有过一个聪明而有才华的女朋友，尤其是那个女朋友比自己优秀得多：她比自己学历高，而且还去了美国留学。在吴晓看来，姚宁之所以要对自己隐瞒这段感情，一是因为云纭因出国而抛弃了他，他出于一个男人的自尊而不愿意对自己提起，二是因为他至今都忘不了云纭，而自己则完全是姚宁用来掩饰心灵创伤的一贴"创可贴"罢了。她为自己成了云纭在姚宁心目中的替代品而感到可悲。

所以那天回来后，吴晓跟姚宁大闹了一场。尽管姚宁百般解释自己是一心一意地爱着她的，至于云纭，那完全属于过去，自己对她真的已经没有爱的感觉了，但是在吴晓的心目中还是从此产生了疙瘩。在以后两个人交往的过程中，吴晓处处自觉或不自觉地拿云纭说事，有时候都让姚宁防不胜防。有时姚宁夸吴晓几句，她就猛不丁地来上一句："你以前是不是也常常这样夸云纭？"如果有时候吴晓什么事情没做好，姚宁向她提意见，她常常反唇相讥："对不起，我就是这种水平，谁叫你放走了才女，而交了我这个低学历、没本事的女朋友呢，后悔了吧！"

一次，姚宁要去美国出差，吴晓一边帮他收拾行李，一边问："就要见到云纭了，心情一定很激动吧？"当时姚宁正急着整理去美国要用的一些资料，就没顾得上搭理吴晓，这让吴晓更加误会了。她又说："好马也吃回头草，如果现在云纭还是一个人的话，你们这次就在美国破镜重圆了吧。"

这时，姚宁不耐烦地说了一句："你怎么又拿云纭说事，烦不烦啊！"不料，吴晓脸色大变："我学历低，能力差，不能和你比翼齐飞，你当然烦我了，要烦了就明说，别遮着捂着，搞那一套此地无银的伎俩。我不是那种没有自尊、非要赖上一个男人不可的人。"说着转身离去了。

由于第二天就要启程去美国，所以姚宁就想等回国后再去找她解释，可是令他没有想到的是，等他回国后，她已经火速地经别人介绍认识了一个男朋友，她对他说："我现在的男朋友各方面都不如你，我这么急着另找一个人，也是为了逼自己坚决离开你，我必须自己断了自己的回头之路。"

拥有美好的事物时，我们虽说应该居安思危，但亦不可思危过度，每日纠结于那些已经成为过去的故事，那个原本已经成为了过去的、跟现在毫不相干的人便长期纠缠在两个人的爱情生活中，最终导致爱情危机。其实，我们所能掌握的只有现在，那么我们就只能尽力过好眼前的生活。过去的事情是我们无法改变的，那就只能让它过去，不要让它影响现在的生活。

7岁的孩子与妈妈玩耍。

小男孩翻着爸爸的相册，一个面容姣好、身材漂亮、充满青春活力的妙龄少女使人眼睛一亮。

"妈妈，这个大姑娘是爸爸以前的女朋友。"孩子歪着头逗妈妈，"这是爸爸说的。妈妈，你气不气？"

"有什么气的？都是过去的事了，只要你爸现在是我的。小孩子别瞎说。"已经发福的妈妈脸上洋溢着幸福的笑。老公确实对她很不错，人有本事，又老实，在单位人缘、名声极佳，她真够幸福！

"只要现在是我的！"她能够真诚地原谅和理解丈夫的过去，并在现实中奉献全部的爱心来关心和照顾丈夫。她从不对丈夫斤斤计较、耿耿于怀，如此豁达的心胸怎能不令全家相处安然、甜蜜幸福呢？

"只要现在是我的"，是一种对世事的豁然与达观，是一种对待自身处境的知足和满意，也是一种发展的沉着与务实。

能够满足于"只要现在是我的"，才能珍惜你所梦寐以求的东西，才会呵护、努力保持并使这一美梦持续和升华。

第三辑 悟已往之不谏，知来者之可追

## 心系当下，由此安详

　　人生的一大悲哀就是，对自己已拥有的东西很难再想起，而对失去的东西却念念不忘。其实，我们大可不必这样，因为握不住的沙，无论十指怎样紧扣，仍然漏走；属于你的那份，无论怎么失手，都会拥有。而我们之所以感觉不到幸福，往往就是因为，我们正处在幸福之中，就像贾岛的《寻隐者不遇》中说的："不识庐山真面目，只缘身在此山中。"

　　禅师把一个满心忧愁的人带到高山前，问："此山如何？"

　　那人说："伟岸、高大、挺拔、秀美。"

　　禅师淡淡道："跟我上山吧。"

　　走着走着，那人累了，乏了。路不好走，他开始抱怨。等到了山顶，禅师又问："你再看这山，感觉如何？"

　　那人说："这个山不好，都是碎石路，树也没长好。远远望去，对面的山更好。"

　　山没有变，是你的心变了而已。心变了，眼光就变了。没有了崇拜，山就不再伟岸。你抱怨越多，伤害就越多。你为什么能在山顶看到其他的高山？是因为你脚下踩的山提升了你的眼光。一个人只有懂得珍惜现在所拥有的才会真正幸福！

　　有一个年轻人要给女朋友送生日礼物，可却不知道送什么好，

于是去问祖母："如果明天是你 18 岁的生日，你想要什么礼物呢？"祖母说："如果明天是我 18 岁生日，那我什么都不要了。"

是啊，宝贵的青春和生命不就是大自然最富有爱心的礼物吗，有此足矣，还需要苛求什么？为什么我们总是看不到自己已经拥有的东西，总是要去抱怨自己没有的呢？在我们生活的展台上，让人流连忘返的东西形形色色、不计其数，我们都想去触及，但显然不能尽如人意，于是有了痛苦、有了失落，但事实上，这并不是我们生活的必需品，真正支撑自己生存的是脚下的这片土地，是你现在有的，而不是将要获得的。

朱德庸曾在《在一个时代里缓行》中写道，我们周围的东西都在增值，而我们的人生却在悄悄贬值。可不是这样吗？现代人的追求越发多样、越发复杂，不停地追逐，不停地得到，然后又不停地失去兴趣，接着再马不停蹄地追逐，到最后呢，一样也带不走，反而身心俱疲。

我们认为，只要拥有财富和权力就能够让自己幸福，因而为此玩命消耗自己，我们似乎很乐意被生活牵着鼻子走，连躺在草地上晒晒阳光的时间都没有。我们根本看不见自己已经拥有的。而事实上，能够珍惜所拥有的，这才是最大的幸福。

有一位常年住在窑洞中的农民，每天都是吃玉米和土豆，一个装衣服的柜子就是家里最值钱的东西。可是他整天无忧无虑，早上唱着歌儿去干活，晚上又唱着歌儿回家。很多人根本就不明白他乐的是什么。他说："我渴了有水喝，饿了有饭吃，夏天住在窑洞里面不用电扇，冬天热乎乎的炕头胜过暖气，日子过得好极了。"

这难道不能视之为一种幸福吗？其实，我们大部分人所拥有的条件已经远远地超过了这位农民，可是却常常被我们所忽略。而他能够珍惜自己所拥有的一切，从来不会因为自己欠缺的东西而苦恼，这就是他能感受到幸福的真正原因。

　　生活就是一次旅行，我们都在不断给自己加油，想让自己行驶得更快，我们一直着眼于还未得到的东西，却忽视了自己已经得到的东西。我们今天不珍惜自己所拥有的，那么即使明天得到了想要的，也一定感受不到乐趣。如水晶，你若懂得珍惜，你便会把这块水晶完整地包好，小心翼翼地保存好；若相反，你若不懂得珍惜，即便是再美好的东西到你那里也是毫无价值，甚至于这件东西会被你毁坏。试想，在这一念之间，往往有很多东西都会失去，假如你懂得珍惜，不是你不会再失去什么，而是你失去的东西对你而言毫无作用。

　　有时候，我们唱了一路的歌，却发现无词无曲；我们走了很远的路，却忘了为何出发。所以，不要只望着远方，也着眼于现在，不要一味追逐得不到和未得到的非必需品，而忽略了自己真正已拥有的财富。